지붕 뚫고 홈런
스포츠
과학

지붕 뚫고 홈런 스포츠 과학

야구부터 e스포츠까지, 세상 모든 경기장의 과학

고호관
지음

곰곰

짜릿한 승부가 펼쳐지는 곳, 경기장 속 과학 이야기

저는 오랫동안 과학 기자로 일하며 잡지를 만들었습니다. 각종 과학 이야기를 발굴해 소개하는 일은 무척 보람되었지만, 더 좋은 콘텐츠를 전하고 싶다는 마음이 부담으로 다가오기도 했습니다. 매번 새로운 아이디어를 떠올리는 건 어려운 일이었지요. 기획 회의가 코앞에 돌아오면 그때는 눈에 띄는 모든 게 예사롭지 않게 보입니다. 세수를 하다가도, 손에 땀을 쥐게 하는 영화를 보다가도, 인터넷에서 웃기는 게시물을 보다가도, 길을 가다 미끄러져도 거기에 재미있게 풀어낼 과학적 원리가 있을까 생각해 보게 되는 겁니다.

물론 새롭고 흥미롭다고 다는 아닙니다. 저 혼자만 만족한다면 아무 소용이 없지요. 이야기를 전하는 사람으로서 많은 독자가 공감할 만하고 유용한 지식이 담겨 있는 주제인지 생각합니다. 그래서 간혹 전 국민의 관심이 쏠리는 이벤트가 펼쳐지면 눈에 불을 켜고 들여다봅니다. 과학에 막 입문하거나 흥미로운 이야기를 기대하는 독자를 초대하기에 그만한 묘안이 없으니까요.

스포츠는 언제나 많은 사람의 사랑을 받아 왔습니다. e스포츠와 같은 신생 장르를 포함하면 스포츠를 즐기는 사람은 앞으로도 점점 늘어날 테지요. 저 역시 스포츠를 좋아합니다. 20여 년 전부터 매주 축구를 했는데, 한두 달 이상 쉬어 본 적이 없으니 이 정도면 아주 좋아한다고 할 수 있겠지요?

여러 축구장을 다니다 보면 우리나라에 취미로 축구를 하는 사람이 이렇게 많은가 싶습니다. 경기장 잡기가 여간 어렵지 않거든요. 조금만 괜찮은 경기장이 있으면 수많은 아마추어 팀이 예약 경쟁에 뛰어듭니다. 축구장 주변에 있는 다른 운동 시설도 마찬가지입니다. 수영장에 등록하려면 새벽부터 줄을 서야 한다는 이야기 들어 보셨지요? 테니스장, 농구장, 야구장도 언제나 스포츠를 즐기는 사람으로 가득합니다.

직접 스포츠를 하지는 않아도 관람하는 것을 즐기는 사람도 많습니다. 프로야구와 프로축구 관중 수가 역대 최고라는 뉴스도 종종 들려옵니다. 소위 '직관'을 해 본 사람이라면 중계를 볼 때와 경기장에서 관람할 때의 느낌이 다르다는 것을 알 수 있을 겁니다. 관중석의 뜨거운 열기와 눈앞에서 펼쳐지는 치열한 맞대결을 보면 나도 모르게 피가 끓어오르지요. TV에서 볼 때는 느리고 투박해 보였던 선수가 막상 실제로 보면 생각보다 훨씬 빠르고 정교하다는 데 놀라기도 합니다.

그 현장감을 생생하게 담아내고자, 선수들이 갈고닦아 온 실력을 펼치는 경기장으로 여러분을 초대해 과학 이야기를 풀어 내려고 합니다. 지금부터 우리는 첨단 경기장이 모여 있는 스포츠센터로 떠날 예정입니다. 그곳을 설계한 건축가의 안내를 따라 경기장 시설뿐만 아니라 운동 장비, 선수들의 동작 등 열두 개 종목에 담긴 과학 원리를 속속들이 살펴봅시다. 야구장에서는 돔구장과 홈런의 상관관계를, 축구장에서는 사시사철 푸른 잔디를 유지하는 원리를, 펜싱장에서는 판정 시비를 잠재우는 전자 장비를, e스포츠 경기장에서는 화려한 볼거리를 제공하는 첨단 기술을 만나 볼 수 있을 거예요.

이 책에서 다루는 과학과 기술은 실제 경기장에 적용하고 있거나 개발 중인 것들입니다. 우리가 함께 방문할 곳은 현존하는 최고의 기술을 적용한 경기장을 모아 놓은 가상의 스포츠 단지인 셈이지요. 그렇기 때문에 이 책은 우리가 스포츠라는 취미 생활을 즐기는 동안 일상적으로 맞닥뜨리게 되는 문제에 대처하는 그럴듯한 과학적 해법을 보여 줍니다. 더욱 저렴한 비용으로 최상의 경기 환경을 만들고, 선수의 경기력을 극한으로 끌어올려 재미를 더하고, 심판을 도와 공정한 판정을 내리는 기술이 있다면 어떨까요?

　이런 곳이 실제로 있다면 스포츠 팬에게는 정말 꿈과 같은 일이 아닐까 싶지만 사실 충분히 도달 가능한 현실이기도 합니다. 도형의 특성만 이해하면 아무리 무거운 자재로 지붕을 만들어도 무너질 걱정이 없고, 원심력을 통제하면 최적의 썰매 코스를 설계할 수 있고, 매우 정교한 판정용 카메라도 삼각측량법에서 탄생했다는 것을 안다면요. 그 기반이 되는 건축, 물리학, 기하학 등의 원리를 하나하나 풀어 보겠습니다.

　매주 축구를 즐기는 아마추어 축구인인 저는 언젠가 타국의 프로 선수처럼 최첨단 경기장에서 뛰어 보고 싶다는 꿈이 있습니다. 천연잔디와 성질이 똑같으면서도 날씨와 상관없이 푸른 인조 잔디를 개발할 수 있다면 얼마나 좋을지, 어떤 느낌일지 혼자 상상에 젖곤 하지요. 물론 모든 일이 그렇듯이 첨단 기술이 우리 같은 일반인 곁으로 다가오기까지는 시간이 좀 걸릴 겁니다. 머지않아 생활 체육인들에게도 그런 날이 오기를 기대하며, 여러분도 책을 읽는 동안 저와 함께 상상의 나래를 펼칠 수 있으면 좋겠습니다.

차례

안녕하세요, 국내 최고의 종합 스포츠센터에 오신 것을 환영합니다. 저는 설계부터 건설까지 총괄한 건축가입니다. 스포츠를 좋아하는 사람으로서 스포츠센터를 건축한다는 건 항상 꿈에 그리던 일이었는데요. 우리 센터의 최첨단 시설을 소개할 생각에 굉장히 설레는군요. 오늘만큼은 제가 훌륭한 가이드가 되어 과연 이곳에 어떤 비밀이 숨어 있는지 빠짐없이 공개하겠습니다.

가장 먼저 소개할 이곳은 어디일까요? 경쾌한 타격 소리, 파란 하늘을 배경으로 쭉 뻗어 나가는 하얀 공, 아슬아슬한 슬라이딩……. 바로 야구장입니다. 지붕에 덮여 있어서 다른 실내 스포츠 경기장인 줄 아는 사람도 있을 겁니다. 저 넓은 땅 위에 어떻게 기둥도 없이 지붕을 덮을 수 있었는지 함께 알아보지요. 그럼 지금부터 경기장 투어를 시작하겠습니다!

야구의 원조는 미국일까?

우리나라에서 가장 인기 좋은 프로 스포츠를 꼽으라면, 야구가 아닐까요? 매년 봄 프로야구 시즌이 돌아오면 많은 사람이 좋아하는 팀을 응원하러 야구장을 찾습니다. 직접 하는 생활체육으로는 축구 같은 스포츠에 밀리지만 프로 리그는 가장 활성화되어 있지요.

야구 규칙은 복잡하지만, 투수가 던진 공을 타자가 방망이로 친 뒤 공보다 먼저 내야의 각 루(베이스)를 밟고 홈으로 돌아오면 득점하는 경기로 요약할 수 있습니다. 아홉 명으로 이루어진 팀이 공격과 수비를 번갈아 합니다. 양 팀이 공격과 수비를 한 번씩 끝내면 한 회가 끝나며, 총 9회까지 경기를 진행합니다. 9회까지도 승부가 나지 않으면 12회까지 연장전을 할 수 있습니다.

야구는 메이저리그(MLB)로 유명한 미국을 비롯한 북아메리카와 중앙아메리카 일부 지역, 그리고 동아시아인 우리나라와 일본, 대만에서 인기 있는 스포츠입니다. 보통 미국을 야구의 종주국으로 부르다 보니 미국에서 처음 시작된 스포츠라고 생각하기 쉽지만, 사실 야구의 기원은 명확히 밝혀지지 않았습니다.

이미 13세기 유럽에서 나온 책에 야구와 비슷한 운동을 즐기는 그림이 실린 적이 있습니다. 세계 여러 곳에서 야구와 같은

13세기에 발간한 시집 《Cantigas de Santa Maria》 속 그림이다.
왼쪽 여성의 동작이 야구의 타격 자세와 비슷하다.

놀이를 즐긴 사례가 발견됩니다. 그중 작은 공과 방망이를 사용해 즐기는 크리켓과 라운더스 같은 민속 놀이는 야구의 기원으로 자주 이야기됩니다. 무엇보다 야구(baseball)라는 이름이 처음 기록된 곳도 1700년대 영국이었습니다. 1700년대라면 미국이 생기기도 전이니 미국에서 야구가 처음 시작되었다는 주장에 흠집이 생길 수밖에 없겠지요.

그래도 이 오래된 놀이를 오늘날 야구라는 스포츠로 발전시킨 나라가 미국이라는 사실만은 분명합니다. 19세기 후반에는 이미 야구가 미국에서 대중적인 스포츠로 자리를 잡았습니다. 하지만 즐기는 국가가 많지 않아 올림픽에서는 1992년부터 2008년까지만 정식 종목으로 경기가 열렸습니다. 그 뒤로는 개최지에 따라 일회성으로 올림픽에 참여하고 있지요. 2020년 도쿄 올림픽에서 정식 종목으로 채택되었고, 2028년 로스앤젤레스 올림픽에서도 정식 종목이 될 예정입니다.

둥근 지붕의 힘

야구에 관심이 있다면, 돔구장이라는 단어를 들어 보았을 겁니다. 야구 관람을 즐기는 사람들은 돔구장의 필요성을 열성적으로 외치기도 하지요. 돔구장이 지붕이 있는 경기장을 뜻한다는 것도 많이들 아실 겁니다. 그런데 우리 생활 속에서는 야구장처럼 넓으면서 기둥이 없는 실내 공간을 보기란 쉽지 않습니다. 그만큼 만들기 어렵기 때문이지요.

집 안에 흔히 있는 나무나 플라스틱 블록으로 기둥을 세운 뒤 그 위를 종이로 덮어 보세요. 기둥 사이가 넓지 않다면 종이가 충분히 버티지만, 사이가 넓어지면 종이가 아래로 처집니다. 콘크리트 같은 단단한 건축 재료라고 해도 마찬가지입니다. 안정적으로 천장을 지탱하려면 기둥이 필요합니다. 게다가 비가 와서 물이 고이거나 눈이 쌓여 천장을 누른다고 생각해 보세요. 지붕이 무너지지 않고 버티기가 훨씬 더 어려워지겠지요.

건축 재료가 지금처럼 발전하지 않았던 옛날에는 기발한 구조를 이용해 영리하게 이 문제를 해결했습니다. 바로 '돔'입니다. 쉽게 설명하면 돔은 둥근 밥그릇을 엎어 놓은 것과 비슷하게 생긴 구조물입니다.

유럽에서 고대 그리스나 로마의 건축물 중에 기둥 위로 둥글게 돌을 쌓아 사람이 드나들 수 있게 만든 구조물을 본 적이 있을 겁니다. 기둥 사이를 직선으로 이으려면 그만큼 긴 재료가 필요합니다. 그 정도로 긴 재료는 구하기도 어렵고 위에서 누르는 무게에 버티는 힘도 약하지요. 그래서 쐐기 모양의 벽돌이나 돌을 쌓아 올리면서 둥근 모양으로 만듭니다. 이런 곡선형 구조물을 '아치'라고 합니다.

가운데를 중심축 삼아 아치를 한 바퀴 돌린다고 생각해 보세요. 그러면 사방과 천장이 막혀 있는 돔이 됩니다. 아주 긴 재료 없이도 천장을 만들 수 있고, 평평하게 만든 천장보다 위에서 누르는 무게에 버티는 힘도 강합니다. 과거의 건축가는 이런 방법을 이용해 넓은 실내 공간을 만들 수 있었습니다.

돔은 아주 오랜 옛날부터 쓰였습니다. 지금까지 남아 있는 돔 건물 중에서는 아마 이탈리아 로마에 있는 판테온이 가장 유명할

이탈리아의 판테온 돔 내부. 현존하는 가장 큰 콘크리트 돔 구조물로,
중심부 기둥 없이 지붕을 세운 것이 특징이다.

거예요. 판테온의 돔 지름은 무려 43m에 이릅니다. 키가 160cm
인 사람 27명이 쭉 누워 있다고 생각해 보세요. 이만큼이 돔의
지름이라니, 엄청나지요? 기원전 2세기 로마 제국 시대의 건물
인데 약 2,000년이 지난 지금까지도 웅장함을 자랑합니다.

튀르키예 이스탄불의 아야소피아는 돔의 내부 지름이 약 31m
이고, 이탈리아 피렌체 대성당은 약 45m입니다. 바티칸의 성베
드로 대성당에도 지름이 40m가 넘는 돔이 우뚝 서 있습니다. 예
로 든 돔을 가만히 보면 공통점이 보이지 않나요? 맞습니다. 신

전이나 대성당 같은 건축물이지요. 돔은 둥글게 쌓아서 만드는 방식이라 보통 높이도 높습니다. 넓고 높은 실내 공간은 중요하고 격식이 필요한 건물에 제격이지요. 좀처럼 큰 건물을 볼 일이 없었던 옛날 사람이라면, 돔이 만들어 내는 장엄한 공간을 보고 정말로 신이 있는 것 같은 기분을 느끼지 않았을까요?

삼각형의 비밀

현대에 이르러 돔은 또 다른 용도를 찾았습니다. 넓은 실내 공간에서 날씨에 관계없이 스포츠를 즐기고 싶은 욕구는 자연히 돔으로 눈을 향하게 했습니다. 하지만 지름이 수십 미터면 충분한 신전이나 성당과 달리, 야구와 축구 같은 스포츠 경기를 치르려면 지름이 100m가 훌쩍 넘는 공간이 있어야 합니다.

이 야구장도 마찬가지지만, 싱가포르 국립 경기장 같은 세계 최대급의 돔구장은 지름이 200~300m나 됩니다. 몇만 명 규모의 관중도 들어올 수 있어야 하고요. 세계적인 축구팀 레알 마드리드의 홈구장인 산티아고 베르나베우와 인도네시아의 자카르타 국제 경기장은 무려 8만 명이 넘는 관중을 수용할 수 있는 돔구장입니다.

이쯤에서 눈치챘을지 모르지만, 엄밀히 말해 오늘날의 돔구장은 전통적인 돔이라고 할 수 없습니다. 돌이나 벽돌을 쌓아서 짓는 옛날 방식으로는 이렇게 큰 건물을 짓기 힘들거든요. 오늘날 돔구장은 현대 건축 기술과 재료를 이용해 다양한 방식으로 만들어집니다. 그럼에도 우리는 이와 같이 지붕으로 덮인 스포츠 경기장을 으레 돔구장이라고 부릅니다. 돔구장이라고 하면 지붕이 있는 경기장을 가리킨다고 이해하면 됩니다.

돔구장을 지을 때 유용하게 쓰이는 구조로는 트러스가 대표적입니다. 트러스는 막대기의 각 끝을 붙여서 삼각형 그물 모양처럼 만든 구조입니다. 트러스의 뼈대를 이루는 부재로는 철이나 나무 등이 있습니다. 각 부재가 결합하는 부위는 접착제로 붙이듯 고정하는 게 아니라 회전할 수 있게 만듭니다.

트러스는 일상에서 널리 사용됩니다. 넓은 강을 가로지르는 교량 위나 아래에 삼각형 여러 개가 다닥다닥 붙어 있는 모양의 구조물을 볼 수 있지요. 이것이 트러스입니다. 한강을 가로지르는 한강철교나 성산대교가 그 대표적인 사례입니다. 교량뿐만 아니라 여러 대형 건물에서도 트러스 구조를 어렵지 않게 만날 수 있어요. 프랑스 파리의 에펠탑도 트러스 구조를 사용했고, 미국 뉴욕에 있는 자유의 여신상도 내부에는 트러스 구조의 뼈대가 있습니다.

트러스 구조는 여러 가지 장점이 있습니다. 먼저, 안정적이고 튼튼합니다. 물리 용어로 안정적이라는 것은 외부의 작용에도 쉽게 그 상태가 변하지 않는다는 의미입니다. 약간의 변화가 생겨도 원래 상태에서 크게 벗어나지 않고 그 상태를 유지한다는 것이지요. 혹은 변하더라도 원래대로 되돌아가려는 성질을 가리킵니다. 트러스 구조의 경우 위나 옆에서 가하는 힘에 잘 버틸 수 있습니다. 무엇보다 가볍습니다. 만약 삼각형 모양으로 구멍이 숭숭 뚫린 트러스 대신 속이 꽉 찬 벽을 세워 무게를 지탱한다면 어떨까요? 무게를 버틸 수는 있지만, 벽 자체가 무거워지겠지요.

트러스는 속이 비어 있어서 가벼우면서도 큰 무게를 견딜 수 있습니다. 재료가 적게 들어가서 비용을 줄일 수 있다는 것도 장점이지요. 돔 구조만으로는 엄청나게 넓은 지붕의 무게를 지탱하는 데 한계가 있으므로 트러스 구조를 널리 사용합니다.

트러스 구조는 왜 안정적일까요? 그 비밀은 삼각형이라는 도형에 있습니다. 삼각형은 도형 중에 가장 안정적입니다. 성냥개비 혹은 크기가 비슷한 막대를 이용해 실험해 보세요. 막대 네 개를 붙여서 사각형을 만들면 언뜻 안정적으로 보이지만, 실제로는 그렇지 않습니다. 정사각형도 어느 방향으로 힘을 가하면 연결 부위가 회전하면서 평행사변형이나 마름모로 모양이 바뀔

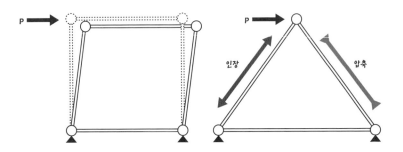

막대로 사각형과 삼각형을 만들어 각각 검은색 화살표 방향으로 힘을 가했을 때,
사각형과 달리 삼각형은 모양이 변형되지 않는다.

수 있습니다.

하지만 삼각형은 그렇지 않습니다. 막대 세 개를 붙여 삼각형을 만든 뒤 어느 방향에서든 힘을 줘도 삼각형의 모양은 변하지 않습니다. 삼각형을 이루는 각 부재는 누르는 힘인 압축력 또는 당기는 힘인 인장력을 받지만, 연결 부위가 회전하지 않거든요. 따라서 아주 안정적인 구조를 이루지요.

앞서 만든 사각형에도 대각선으로 부재를 하나 더 연결하면 삼각형 두 개가 되어 안정적인 구조가 됩니다. 이런 식으로 계속 삼각형을 덧붙여 나가면 트러스를 만들 수 있습니다. 이런 원리를 이용하면 기둥 없이도 넓은 실내 공간을 지을 수 있지요. 서울의 고척 스카이돔도 우리 구장처럼 트러스 구조를 이용했습니다. 아랫부분은 철근콘크리트로 지었고, 지붕은 철골 트러스를 이용했습니다. 도형의 원리만 잘 활용하면 적은 비용으로도 튼튼한 건물을 지을 수 있다니! 수학이 이렇게 실용적인 학문이라는 걸 저도 이번에 새삼 느꼈답니다.

지붕을 덮은 반투명 막은 뭘로 만들까?

네, 뭐라고요? 아하! 지붕에서 햇빛이 들어오는 것 같다고요? 맞습니다. 눈썰미가 좋으시군요. 지붕을 완전히 덮는다면, 실내에는 햇빛이 들어오지 못하겠지요. 지금처럼 약하게나마 햇빛이 들어올 수 있는 건 지붕의 재질 덕분입니다.

지금 보고 있는 이 경기장을 비롯해 많은 돔구장은 지붕을 얇은 막으로 덮고 있습니다. 아무래도 얇은 막으로 덮으면 지붕의 무게를 줄일 수 있겠지요? 트러스 구조만으로 지붕 전체를 빼곡히 덮는 것보다는 일부라도 막으로 덮으면 무게를 줄이는 데 도움이 됩니다. 더욱 경제적이기도 하고요.

다만 이렇게 넓은 면적을 막으로 덮으려면 당연히 보통 천을 쓸 수 없습니다. 아주 질기면서도 가벼운 재료가 필요하지요. 흔히 쓰이는 물질이 폴리테트라플루오로에틸렌이라는 어렵고 긴 이름을 지닌 합성수지입니다. 아, 이름이 어렵다고 골치 아프다고 생각할 필요는 없습니다. 언젠가 테프론이라는 상품명은 들어 본 적이 있지요? 네, 프라이팬에 코팅하는 물질 말입니다. 그 물질이 바로 이것입니다.

물론 테프론을 그냥 쓰는 건 아니고, 더욱 튼튼하게 만들기 위해 유리섬유와 섞어서 막을 만듭니다. 유리섬유는 유리로 만든 아주 가는 실이에요. 유리섬유를 섞어서 아주 튼튼한 플라스틱이나 불에 잘 타지 않는 방화복을 만들 수도 있지요. 이렇게 만든 막은 경기장을 외부로부터 보호해 줄 정도로 튼튼합니다. 고척 스카이돔 역시 같은 방식으로 지어졌지요.

그런데 우리 구장과는 다른 방식으로 막을 사용한 돔구장도 있습니다. 일본의 도쿄 돔이 그 예입니다. 도쿄 돔은 막으로 지붕을 덮었지만, 지붕에 철골 트러스가 없습니다. 그 대신 공기를 이용해 부풀리는 방법을 사용했습니다. 쉽게 말해 거대한 풍선 속에서 스포츠 경기를 치른다는 것입니다.

그렇다면 경기장 안에 계속 공기를 불어넣어야 부푼 상태를 유지할 수 있겠지요. 그래서 공기를 불어넣어 주는 송풍 설비가 있고, 공기가 밖으로 쉽게 빠져나가지 못하도록 출입문도 닫고 있어야 합니다. 건축 비용을 줄일 수는 있지만, 송풍 설비를 유지하는 비용이 들어가지요.

건축 방식은 제각기 조금씩 달라도 날씨에 상관없이 쾌적하게 경기를 치를 수 있다니 정말 좋지 않나요? 물론 단점은 있습니다. 그중 하나가 지붕 때문에 햇빛이 들어오지 않는다는 점이에요. 막을 사용한 경우에는 햇빛이 조금 들어오기는 하지만, 경기장의 천연 잔디가 자라기에는 턱없이 부족합니다.

그래서 햇빛이 들어오지 않는 돔구장은 인조 잔디를 많이 사용하거나 아예 지붕을 열었다 닫을 수 있는 개폐식으로 만들어 잔디 문제를 해결하기도 합니다. 개폐식 돔구장은 잔디에 햇빛을 쏘일 수 있지만, 지붕을 여닫는 데 많은 에너지가 필요하다는 단점이 있습니다. 그래도 잔디는 선수들의 경기력과 부상에도 큰 영향을 끼치는 요소이니 소홀히 할 수 없지요. 어떤 방식이든 최선의 결과를 낼 수 있도록 나름대로 노력하고 있답니다.

돔구장에서 홈런이 잘 나온다?

경기력 이야기가 나왔으니 덧붙이자면, 돔구장은 경기력에도 영향을 끼칩니다. '돔구장에서는 홈런이 많이 나온다.'라는 말이 있듯이, 돔구장은 타자에게 유리한 경기장이라는 속설이 만연합니다. 과연 사실일까요? 이런 속설이 생긴 이유를 과학적으로 추측해 봅시다.

일단 외부의 영향을 받지 않는다는 점을 꼽을 수 있겠습니다. 야외 구장에서라면 바람때문에 투수가 던진 공의 방향이나 속도가 예측할 수 없게 바뀌기도 합니다. 바람이 반대로 불어서 날아오는 공의 속도가 느려진다면 좋은 게 아닌가 생각할 수 있지만, 역으로 생각하면 홈런이 될 수 있는 공이 바람에 밀려 외야 플라이(타자가 친 공이 외야에서 공중으로 높이 올라간 것. 대개 수비수가 쉽게 잡을 수 있다.)로 끝날 수도 있으니 꼭 타자에게 유리한 것만은 아닙니다. 바람이 불지 않는 돔구장에서는 이런 예측 불가 요소가 없습니다. 타자 입장에서는 마음 편하게 방망이를 휘두를 수 있지요.

돔구장에서 생기는 상승기류도 하나의 원인으로 볼 수 있습니다. 햇빛이 잘 들어오지 않는 돔구장은 야외 구장보다 조명을 많이 쓸 뿐만 아니라 실내 온도를 조절하기 위한 냉난방 장치 같은 전기 설비도 더 많습니다. 여기에 수만 관중의 뜨거운 열기까지 더해지면 공기가 꽤나 더워지겠지요?

더워진 공기는 밀도가 낮아 공이 날아가는 데 방해가 되는 공기의 저항이 줄어듭니다. 그리고 밀도가 낮은 공기는 가벼워서 위쪽으로 올라가므로 상승기류가 생깁니다. 타자가 힘차게 때려 날린 공이 공기의 저항도 덜 받고 상승기류를 타고 더 멀리 날아가기 때문에 홈런이 되기 쉽다는 이야기입니다.

실제로 미국의 물리학자 로버트 어데어의 연구에 따르면,

120m를 날아가는 공이 있다고 가정했을 때 기온이 5.56℃ 상승하면 비거리가 늘어나면서 홈런 확률이 7% 증가합니다. 또한 2023년 3월 미국 기상학회지에 실린 연구에 따르면, 2010~2019년에 메이저리그에서 나온 홈런 중 577개가 지구온난화로 따뜻해진 공기 때문이라고 합니다. 한 시즌에 나오는 홈런의 1% 정도이지요. 미국 일리노이대학교의 물리학자 앨런 네이선은 시속 160km의 속도와 25~30도의 각도로 방망이를 떠난 공은 기온이 약 21℃일 때 120m 정도 날아가지만, 기온이 약 37℃일 때는 3m 정도를 더 날아간다고 설명합니다.

습도도 영향을 끼칩니다. 보통 습도가 낮을 때 홈런이 나올 확률이 높습니다. 습도가 낮으면 공과 방망이의 탄력이 늘어나기 때문이지요. 반대로 습도가 높으면 공이 말랑말랑해져서 투수가 공을 더 잘 잡을 수 있습니다. 원하는 대로 공을 던지기 쉽다는 뜻이에요. 실내 공기를 관리하는 돔구장에서는 습도가 낮아서 홈런이 많이 나온다고 하지요.

그렇지만 경기장은 모두 제각각이라 돔구장이라고 해서 꼭 홈런이 잘 나온다는 보장은 없습니다. 상승기류도 송풍 방향이나 배기구의 위치 등에 따라 그 세기가 달라질 수 있습니다. 공기를 불어넣어 지붕을 부풀리는 도쿄 돔은 철골 트러스로 지붕을 지지하는 고척 스카이돔보다 상승기류가 더 강합니다. 경기장마다 펜스까지의 거리, 펜스의 높이, 타자의 시야를 방해하는 구조물 등 여러 가지 요소가 다를 수도 있지요.

과연 제가 지은 경기장은 어떨까요? 아, 마침 잘 맞은 공이 날아가네요. 보세요! 넘어갈까요, 넘어갈까요? 넘어갑니다~! 홈런입니다. 이 경기장에서의 첫 홈런이 터지는 역사적인 순간에 함께해 주셔서 감사합니다. 뭐라고요? 함성이 너무 커서 제 말이 잘 안 들린다고요? 으흠, 크게 말씀드리지요.

선수에게서는 최고의 경기력을 끌어내고 관중에게는 최대의 즐거움을 제공할 수 있도록 최선을 다해 만들었으니 앞으로 이곳에서 홈런이 얼마나 많이 나와 관중을 기쁘게(혹은 슬프게) 할지 저 역시도 궁금합니다. 한 가지 아쉬운 건 항상 지붕이 닫혀 있는 돔구장이기 때문에 장외 홈런은 나올 수 없다는 점입니다. 지붕을 뚫고 나가지 않는다면요!

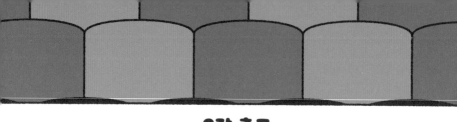

2장 축구

사시사철
푸른 잔디를 위하여

멋진 경기장에서 본 야구 경기, 참 인상적이었습니다. 그
런데 사실 제가 가장 좋아하는 스포츠는 축구랍니다. 푸른 잔
디에서 땀 흘리며 한바탕 뛰고 나면 가슴속까지 시원해진달
까요. 경기장에서 관람하는 것도 물론 재미있고요. 치열한
접전 끝에 응원하는 팀이 승리를 거두면 정말 짜릿합니다.

축구 팬인 저로서는 그동안 축구장에서 축구를 보면서 아
쉬운 점이 하나 있었습니다. 바로 잔디예요. 특히 우리나라
는 잔디를 기르기에 적합한 기후가 아니라고 많이들 이야기
합니다. 그래서 간혹 추운 겨울에 누레진 잔디에서 경기하는
선수들을 보면 안타깝습니다. 그 기억을 마음에 품고 언제나
푸르고 아름다운 잔디에서 경기할 수는 있는 경기장을 만들
고자 노력했습니다. 어디 한번 볼까요!

축구의 종주국은 영국

공을 발로 차며 노는 놀이는 고대부터 세계 여러 곳에서 즐겼습니다. 우리나라에서도 삼국시대에 '축국'이라는 공차기 놀이를 즐겼다는 기록이 있지요. 대표적으로, 신라의 장군 김유신이 축국을 하다가 일부러 왕족인 김춘추의 옷자락을 밟아서 찢어지게 했다는 이야기가 전해집니다. 자신의 여동생이 김춘추의 옷을 꿰매게 만들어 둘의 혼인을 끌어내려는 계략이었지요.

그렇지만 현대 축구의 종주국이라고 하면 대체로 잉글랜드라는 데 동의하고 있습니다. 1863년 최초로 잉글랜드에서 축구 협회가 탄생했고, 몇 차례 회의를 거쳐 축구 규칙을 제정했으며, 축구를 세계 각국에 보급했습니다. 축구를 뜻하는 영어 'soccer'는 협회의 규칙을 따르는 축구를 말합니다.

영국은 현대 축구를 만든 종주국으로서 지금도 존중받고 있습니다. 한 국가에 축구 협회는 오로지 하나뿐이어야 한다는 원칙도 영국에는 적용되지 않습니다. 그래서 월드컵이나 유로 같은 국제 경기에서는 영국팀을 볼 수 없습니다. 영국에는 지역에 따라 잉글랜드, 스코틀랜드, 웨일스, 북아일랜드 축구 협회가 따로 있고, 각각 대표팀을 내보낼 수 있거든요. 국가대표끼리 겨루는 대회에 많게는 네 팀까지 출전할 수 있는 셈이지요.

한때 '해가 지지 않는 나라'라는 말을 들을 정도로 광대한 제국이었던 영국이 만들었기 때문일까요. 축구는 곧 세계 여러 나라에서 인기를 얻기 시작했습니다. 20세기 초에는 국제 경기를 관장하는 단체인 국제축구연맹(FIFA)이 탄생했습니다. 그리고 1930년부터는 전 세계의 축구 축제가 된 FIFA 월드컵이 열리게 되었지요. 우리나라는 1954년 스위스 월드컵에 처음으로 출전했고, 이후 한참 동안 예선을 통과하지 못하다가 1986년 멕시코 월드컵에서 본선 진출에 성공한 데 이어 지금까지 꼬박꼬박 대회에 출전하고 있습니다.

난지형 vs 한지형, 잔디 왕좌의 주인은?

월드컵 같은 세계적인 대회 경기를 보면, 푸른 그라운드가 그토록 아름다울 수 없습니다. 언제나 푸르른 잔디는 모든 축구 팬의 바람일 거예요. 눈보라가 휘날리는 겨울에도, 폭우가 쏟아질 때도 매끄러운 푸른 잔디 위에서 펼쳐지는 경기를 보고 싶은 건 당연하지 않겠습니까?

잔디는 선수의 경기력에도 영향을 미칩니다. 운동장에 물이 고여서 공이 패스 도중에 멈춘다거나 잔디가 고르지 않아서 굴

러가던 공이 엉뚱한 방향으로 튀어 선수들이 곤욕을 치르는 장면을 본 적이 있지요? 그런 상황이 가끔 나온다면야 행운과 불운이 교차하는 재미있는 순간으로 볼 수도 있지만, 매번 그런다면 선수의 의욕과 관중의 흥미를 떨어뜨릴 수 있습니다. 심한 경우에는 선수가 크게 부상을 입을 우려도 있지요.

궁극적으로 선수와 관중 모두를 위해 최상의 경기력을 발휘할 수 있도록 잔디의 상태를 유지해야 합니다. 그러려면 경기장이 있는 지역의 기후와 환경에 적합한 잔디를 고르는 게 중요합니다. 우리나라는 겨울에 매우 춥고, 여름에는 몹시 더우면서 비가 많이 옵니다. 따라서 이런 환경에서 잘 자라는 잔디를 심는 게 좋겠지요.

잔디는 한지형 잔디와 난지형 잔디로 나눌 수 있습니다. 한지형 잔디는 15~20℃의 기온에서 잘 자라고, 난지형 잔디는 25~30℃에서 잘 자랍니다. 우리나라에서 흔히 볼 수 있는 잔디는 난지형 잔디입니다. 난지형 잔디는 물과 비료가 적게 들어가고 병에 강합니다. 게다가 내구성도 좋습니다. 하지만 심고 나서 성숙할 때까지 시간이 오래 걸려서 잔디밭을 조성하는 속도가 느립니다. 훼손된 곳이 회복하기까지도 오래 걸리고요.

팬 입장에서 아쉬울 만한 중대한 단점도 있는데요. 녹색을 유지하는 기간이 짧습니다. 잔디가 녹색을 띠는 기간이 4~10월,

즉 6개월 정도에 불과합니다. 이른바 한국 잔디, 난지형 잔디를 깔면 날씨가 쌀쌀한 개막 직후나 시즌 막바지에 누렇게 된 잔디에서 경기하는 일이 생기곤 하지요. 2002년 한일 월드컵을 준비하던 우리나라는 유일하게 대전 월드컵경기장에 난지형인 한국 잔디를 깔았다가 대회 두 달 전 부적합 판정을 받고 한지형 잔디로 교체하는 소동이 벌어지기도 했습니다.

유럽에서 많이 사용하는 한지형 잔디는 물을 많이 필요로 하고 병에 약하다는 단점이 있습니다. 그 대신 빨리 자라고 회복 시간도 짧습니다. 녹색을 유지하는 기간도 9개월 정도로 깁니다. 시즌 내내 녹색 잔디에서 경기를 할 수 있는 것이지요.

그러면 한지형 잔디를 깔면 되지 않느냐고요? 이미 우리나라에서도 월드컵경기장 등 여러 경기장에 오랫동안 녹색을 유지할 수 있는 한지형 잔디를 쓰고 있습니다. 하지만 그렇게 쉽게 해결될 일이면 무슨 고민이 있겠습니까. 한지형 잔디는 높은 기온에 견디지 못하고 성장이 저하되거나 멈추는 성질이 있습니다. 심하면 고사하기도 하는데요. 이런 현상을 '하고 현상'이라고 합니다. 초봄과 늦가을에 푸르름을 유지하는 대신 더운 여름철이 문제가 되지요.

한지형 잔디라고 해도 추운 겨울을 쉽게 나는 것만은 아닙니다. 우리나라와 달리 유럽에서는 축구 시즌이 여름부터 다음 해

봄까지입니다. 한겨울에도 쉬지 않고 경기가 계속됩니다. 물론 대륙성기후인 한국만큼 겨울이 혹독하지는 않지만, 겨울은 겨울이지요. 그래도 추운 날씨에 잔디와 땅이 얼지 않는 건 땅속에 묻어 놓은 열선 덕분입니다. 마치 방바닥 밑에 온수관을 깔고 뜨거운 물을 흘려보내 방을 따뜻하게 유지하는 것과 같습니다. 세계의 많은 경기장이 이런 열선 시스템을 갖추고 있지요.

푸른 잔디의 꿈

조금 전에 본 야구장처럼 축구 경기장도 돔구장으로 만들면 굳이 열선을 깔지 않더라도 강추위에 잘 견딜 수 있지 않을까요? 여름철 폭우로부터 잔디를 보호할 수도 있을 테고요. 다만 잔디 관리에 적정 온도만큼 중요한 것이 바로 일조량입니다. 아까도 말씀드렸듯이 돔구장의 지붕 때문에 햇빛이 잘 들어오지 못하면 잔디가 잘 자랄 수 없습니다. 돔구장이 아니더라도 구조적으로 잔디에 그늘이 지게 되면 그곳의 잔디가 잘 크기 어렵지요.

그래서 인공조명으로 잔디의 성장을 돕는 방법도 시도하고 있습니다. 햇빛이 들지 않는 곳에 인공으로 만든 빛을 비춰 주는 건데요. 일조량이 부족한 실내에서 식물을 키우기 위해 쓰는 조명과 같다고 생각하면 됩니다. 축구 경기의 특성상 골대 앞처럼 격렬한 활동이 많은 곳의 잔디는 특히 훼손이 심합니다. 이런 곳이나 평소에 햇빛이 잘 들지 않는 곳에 잔디의 광합성에 쓰이는 파장의 빛을 쪼여 주면 잔디의 회복과 성장을 도울 수 있습니다. 보통 식물은 400~500nm(나노미터) 파장의 청색광과 640~700nm 파장의 적색광을 이용합니다.

사시사철 푸른 잔디를 위해 나온 또 다른 아이디어로는 하이브리드 잔디가 있습니다. 축구를 좋아한다면 아마 들어 본 적이 있을 겁니다. '하이브리드'라고 하면 서로 성질이 다른 것을 섞어 놓은 것을 이야기하지요. 하이브리드 잔디는 천연 잔디와 인조 잔디를 섞은 잔디를 말합니다. 합성섬유로 만든 인조 잔디는 아마추어 축구팀이 사용하는 경기장이나 공원, 학교 운동장 등에서 쉽게 볼 수 있습니다.

딱히 관리를 하지 않아도 사시사철 푸르름이 유지되니 겉보기에는 매우 좋습니다. 그런데 막상 경기를 뛰어 보면 천연 잔디와는 확연히 다릅니다. 여름철 한낮에는 높은 온도로 달궈져서 발바닥이 뜨거울 정도고, 넘어지거나 태클을 걸 때 자칫하면 인조 잔디와 마찰이 일어나 화상을 입을 수도 있습니다. 인조 잔디도 오래되면 닳아서 맨땅 못지않게 딱딱해지지요. 물론 맨땅보다는 낫습니다. 문득 흙바닥에서 축구하다가 수도 없이 긁히고 다쳤던 기억이 떠오르는군요.

　우리나라에 하이브리드 잔디를 처음 선보인 서울월드컵경기장의 경우 천연 잔디와 인조 잔디의 비율이 95 대 5였습니다. 고작 5%밖에 안 되는 인조 잔디가 무슨 도움이 되겠냐고요? 인조 잔디는 천연 잔디의 틀 역할을 해줍니다. 천연 잔디의 뿌리가 자라면서 자연스럽게 인조 잔디와 얽히는 것이지요. 그러면 충격에 견디는 내구성이 높아지고, 그라운드를 평탄하게 만드는 데도 도움이 됩니다. 천연 잔디가 다소 시들어도 인조 잔디 덕분에 어느 정도 녹색을 유지할 수 있다는 것도 장점이지요.

　이뿐만이 아닙니다. 최상의 잔디를 유지하기 위해서는 경기장 내부의 온도와 습도, 토양, 잔디 종류, 배수 등 여러 가지 요소를 신경 써서 관리해야 합니다. 최근에는 기후변화가 극심해지면서 잔디 관리도 더 어려워지고 있습니다. 앞서 언급한 여러 관리 기술을 조합해 최상의 잔디 상태를 만들기 위해 많은 사람이 머리를 싸매고 있지요. 최고의 선수들이 최상의 잔디밭에서 축구 실력을 뽐낼 수 있는 데는 이런 보이지 않는 노력이 숨어 있답니다.

홈팀이 유리한 과학적 이유

앞서 잔디의 상태가 선수의 경기력에 큰 영향을 끼친다고 말씀 드렸는데요. 혹시 여러분도 실제로 축구를 즐겨 하나요? 만약 그렇다면 그라운드의 상태나 날씨에 따라 경기 양상이 많이 달라지는 경험을 해 보았을 겁니다.

아마추어 동호회 팀은 보통 인조 잔디 구장에서 경기를 치릅니다. 비록 천연 잔디는 아니어도 인조 잔디의 상태에 따라 느낌이 달라지는 걸 체감할 수 있습니다. 잔디가 긴 곳에서는 공이 잔디에 파묻히다시피 해 땅볼로 패스한 공이 생각보다 멀리 안 나가기도 합니다. 반대로 설치한 지 오래되어서 잔디가 너무 짧은 곳에서는 흙바닥에서 할 때처럼 공이 통통 튀기도 하지요.

비가 오면 차이를 더 심하게 느낄 수 있습니다. 물 때문에 잔디와 공의 마찰이 줄어서 공이 평소보다 빨리 오거든요. 공중으로 날아온 공이 땅에 튈 때도 공의 속력과 궤적이 달라집니다. 그래서 비가 오는 날 평소와 같은 감각으로 공을 차면 실수하기 십상입니다. 생각보다 공이 빨리 온다는 걸 염두에 두고 바짝 긴장해야 하지요.

우리 같은 아마추어도 이런데, 훨씬 정교한 경기를 해야 하는 선수 입장에서는 얼마나 더 예민할까요? 잔디에 얼마나 잘 적응했는지에 따라 중요한 경기의 승패가 갈릴 수 있으니까요. 홈구장에서 경기를 치르는 팀은 자기 팀에 유리하게끔 잔디 상태를 만들 수 있습니다. 만약 홈팀이 빠른 패스로 전진하는 전술을 쓴다면 경기 전에 물을 뿌려 잔디를 촉촉하게 만드는 게 유리합니다. 잔디를 짧게 깎아 놓는 것도 패스한 공이 빠르게 나아가게 하는 데 도움이 됩니다.

반대로 잔디가 길고 건조하면 잔디와 공의 마찰이 커서 축축할 때만큼 공이 쭉쭉 나가지 않습니다. 그 대신 선수들이 공을 다루기는 쉬워지지요. 개인기가 강점인 선수가 활약하기 좋을 겁니다. 이런 특성을 잘 활용하면 홈팀은 경기에 앞서 자신들에게 유리하게 잔디 상태를 조절할 수 있습니다. 빠른 패스를 활용하고 싶다면, 잔디를 짧게 깎고 물을 뿌리는 거지요. 상대 팀의 빠른 패스가 부담스러운데 하필이면 비까지 와서 공이 더 빨라질 것 같다? 그러면 잔디를 깎지 않고 긴 상태로 두어 패스 속도를 줄여 볼 수 있습니다. 원정팀이 항의할 수도 있지만 어쩌겠어요? 구장 관리는 홈팀의 몫인 걸요.

익숙하지 않은 구장으로 원정을 떠나는 팀은 항상 부담스럽습니다. 잔디 상태만이 아니라 모든 것이 낯설고, 상대방은 홈 관중의 응원까지 업고 있으니까요. 그래서 보통 홈경기보다 원정 경기의 승률이 낮은가 봅니다. 월드컵 예선에서 우리나라와

높은 건물들 사이로 에르난도 실레스 스타디움이 보인다. 고지대가 많은 남아메리카의
지리적 특성상 남아메리카 국가의 축구장은 대체로 해발고도가 높은 편이다.

자주 맞붙은 이란 국가대표팀은 아자디 스타디움을 홈구장으로
사용하는데요. 아직 우리나라는 이곳에서 단 한 번도 이란을 이
기지 못했습니다. 이곳은 우리나라뿐만 아니라 다른 원정팀에게
도 악명이 높습니다. 흔히 원정팀의 무덤이라고도 하지요.

아자디 스타디움이 해발 1,273m의 고지대에 있다는 점도 한
몫합니다. 고지대는 산소가 희박해 저지대에서 주로 뛰던 선수
들이 적응하기 어렵거든요. 고지대 이야기가 나왔으니 말인데,
이런 면에서 가장 유명한 경기장이 아마 볼리비아 라파스에 있
는 에르난도 실레스 스타디움일 겁니다. 이 경기장은 무려 해발

3,600m에 위치하고 있습니다. 해발 3,000m가 넘는 곳에 올라가 보았나요? 그냥 좀 오래 걷기만 해도 숨이 가쁠 정도지요. 그런 곳에서 축구를 한다니 상상도 되지 않는군요.

당연히 고지대에 적응하지 못한 원정팀 선수들은 제대로 경기를 치르기 어렵습니다. 게다가 고지대에서는 공기의 밀도가 낮아서 공이 저지대에서보다 더 빨리 날아갑니다. 잔디 위에서만이 아니라 공중으로 날아갈 때도 속도가 빨라져 적응이 쉽지 않습니다. 원정팀으로서는 힘들어 죽겠는데 공의 움직임마저 평소와 다르니 당황해서 어영부영하다가 골을 허용하게 되는 겁니다.

볼리비아는 홈구장에서 브라질이나 아르헨티나 같은 강팀을 여러 번 격파했습니다. 축구에서 홈팀이 유리한 건 어쩔 수 없지만, 이건 좀 너무한 게 아니냐 하는 비판이 많아서 국제축구연맹도 너무 높은 고도에서는 경기를 치를 수 없도록 규제를 시도했습니다. 하지만 높은 고도에 위치한 국가들의 반발로 포기할 수밖에 없었지요.

잔디의 무늬도 패션이다

경기장을 둘러보니 어떤가요? 푸른 융단처럼 매끄러운 잔디를 보니 저도 당장 내려가서 뛰고 싶군요. 잔디를 바라보는 여러분의 눈길에서 저와 비슷한 마음이 읽히네요.

아니, 잔디에 특이한 점이 있다고요? 그새 눈치챘다니 눈이 참 밝은 분이군요. 그렇습니다. 축구장 잔디에는 군데군데 색깔을 다르게 해 무늬를 새겨 넣은 부분이 있습니다. 이렇게 잔디에 무늬를 만드는 원리는 어렵지 않습니다. 잔디를 깎는 방향을 다르게 하면 색이 다르게 보이는 것뿐입니다.

흔히 '할머니 담요'라고 하는 담요를 아시나요? 올이 매우 가느다란 실이 빼곡하게 덮여 있는 담요인데요. 시골 할머니 댁에 가면 화려한 무늬가 새겨진 이 복슬복슬한 담요를 쉽게 볼 수 있었지요. 어렸을 때 저는 이 담요가 재미있다고 생각했습니다. 담요를 손으로 쓱 쓸어내리면 색깔이 변했거든요. 담요를 쓸어내리는 방향에 따라 색이 달라 보여서 이쪽저쪽을 쓸어서 다른 색으로 만들어 보곤 했습니다.

담요만이 아니라 털이 빼곡하게 나 있는 양탄자로도 비슷한 현상을 볼 수 있습니다. 심지어 털이 짧은 강아지 같은 동물에게서도요. 털을 다른 방향으로 쓸어서 눕혀 주면 빛의 반사가 달라지면서 색이 다르게 보입니다. 실제 털 색이 달라지는 게 아니라 우리 눈에 그렇게 보일 뿐이지요.

축구장 잔디도 마찬가지입니다. 기계로 잔디를 깎는데, 이때 기계의 무게에 잔디가 눌려서 기계가 움직이는 방향으로 눕게 됩니다. 잔디가 어느 쪽으로 눕느냐에 따라 빛이 반사되는 방향이 달라져 색깔이 변하는 것처럼 보입니다. 이를 이용해 경기장의 잔디에 무늬를 만들 수 있습니다.

가장 흔히 볼 수 있는 무늬는 밝은 색과 어두운 색이 번갈아 나오는 줄무늬입니다. 골라인과 평행하게 줄무늬를 그려 놓으면 오프사이드를 판정하기 편하기 때문에 축구 심판이 가장 선호하는 무늬라고 합니다. 무늬를 어떻게 그려야 한다는 규칙은 없습니다. 어떤 경기장은 센터서클을 중심으로 동심원을 그려 넣기도 하고, 기하학적 무늬나 상징을 그려 놓기도 합니다. 저희 경기장은 지금은 평범하지만 시즌마다 특별히 디자이너에게 의뢰해 심판과 관중이 헷갈리지 않으면서도 아름다운 무늬를 그려 넣을 예정입니다. 다음에 또 저희 축구장에 놀러 와서 잔디 무늬가 어떻게 달라졌는지 한번 찾아보세요!

어? 잔디가 어디로 갔지?

아앗, 잠시만요! 죄송합니다. 잔디를 밟으시면 안 됩니다. 축구 경기를 하는 선수들 외에는 밟을 수 없습니다. 잔디가 상할 수 있거든요. 어디까지나 잔디를 보호하기 위해서니 그만큼 세심하게 관리하고 있다고 생각해 주세요.

축구장에서 다른 행사를 치렀다가 잔디가 훼손되어 경기에 지장이 생기는 사례를 많이 보았을 겁니다. 축구장처럼 수만 명이 한데 모일 수 있는 장소가 별로 없다 보니 콘서트처럼 축구 이외의 용도로 경기장을 이용하거든요. 수많은 사람이 마구잡이로 짓밟고 다니면 잔디가 망가질 수밖에 없지요. 그렇다고 이 넓은 공간을 일주일에 몇 시간씩만 쓰기에도 아깝고 말이에요.

최근에는 이런 문제를 해결할 접이식 잔디 기술이 등장했습니다. 경기장의 바닥을 용도에 따라 바꿀 수 있는 겁니다. 콘서트 같은 행사가 있을 때는 잔디를 접거나 말아서 치워 놓았다가 다시 펼쳐 축구 경기를 치르는 거지요. 그러면 잔디의 훼손을 막을 수 있습니다.

이 시스템을 처음 적용한 건 우리나라의 손흥민 선수가 뛰고 있는 영국 프리미어 리그의 토트넘 홋스퍼 스타디움입니다. 이곳은 축구 경기용 잔디 외에도 미식축구용 인조 잔디가 깔려 있고, 그 위에는 천연 잔디가 깔려 있습니다. 미식축구 경기를 치르거나 콘서트 같은 행사를 열어야 할 때는 맨 위층의 천연 잔디가 세 조각으로 나뉘어 관중석 아래로 말려 들어갑니다. 조각 하나의 무게가 3,000t이 넘으니 천연 잔디 바닥 전체의 무게는 거의 1만 t에 달합니다. 이렇게 무거운 바닥을 레일과 강력한 모터를 이용해 움직이지요. 다른 행사가 끝나면 다시 천연 잔디 바닥을 꺼내서 틈이 없도록 제자리로 돌려놓고 경기장 가장자리와 높이도 맞춰 줍니다. 다시 축구 경기용 바닥을 설치하는 데는 30분도 채 걸리지 않습니다.

세계적으로 유명한 구단인 레알 마드리드의 홈구장으로, 얼마전에 리모델링을 마친 산티아고 베르나우도 접이식 잔디를 채택했습니다. 이곳의 잔디는 여섯 조각으로 나뉘어 다른 행사를 치르는 동안 지하에 보관할 수 있습니다. 이런 식이라면 잔디 훼손으로 경기력을 떨어뜨리지 않으면서도 공간을 다용도로 활용할 수 있지요. 구단이 더 많은 수입을 올릴 수 있으니 재정에도 도움이 됩니다. 재정이 넉넉하면 좋은 선수를 영입해 더 좋은 성적을 거둘 수 있으니 팬으로서도 마다할 이유가 없겠지요. 앞으로는 접이식 잔디를 도입하는 경기장이 더 많아질 전망입니다.

당연히 저희 경기장도 접이식 잔디를 설치했답니다. 최고의 잔디와 뛰어난 활용성을 목표로 최신 기술을 적용했습니다. 앞으로 펼쳐질 경기가 무척 기대되는군요. 한국 축구의 역사에 의미 있는 경기가 이곳에서 열린다면 참 좋겠습니다. 영국의 웸블리 스타디움처럼 제가 지은 경기장이 대한민국 축구의 성지가 되기를 고대해 봅니다.

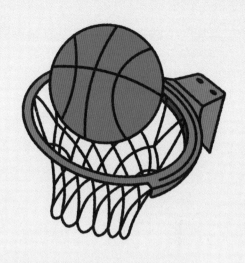

이제 또 다른 인기 스포츠 경기장으로 가 보겠습니다. 인기 스포츠가 되려면 보는 재미 못지않게 직접 즐기는 재미 또한 중요합니다. 많은 사람이 즐기는 생활 스포츠야말로 진정한 인기 스포츠라 할 수 있겠지요. 일반인도 자주 즐기는 스포츠 하면 무엇이 떠오르나요? 축구, 배드민턴, 야구, 수영, 테니스 등 여러 가지가 생각납니다.

그중에서도 아주 간단하게 즐길 수 있는 스포츠는 농구입니다. 적당한 공간과 골대, 그리고 공 하나만 있어도 경기가 가능하지요. 저도 친구들과 농구 골대 하나 놓고 3 대 3으로 경기하며 놀던 기억이 있는데요. 심지어 두 명만으로도 일대일 대결을 펼칠 수 있답니다. 저기서 벌써 드리블 소리가 들리는 것 같습니다. 바로 들어가 볼까요?

이곳은 농구 경기가 펼쳐지는 경기장입니다. 실내 스포츠인 농구는 이렇게 실내에서 정식 경기가 이루어집니다. 처음부터 겨울철에 즐길 목적으로 만들어졌거든요. 경기장이 야구나 축구보다 작아서 어렵지 않게 실내에 경기장을 만들 수 있습니다.

농구는 캐나다에서 태어나 미국에서 활동했던 체육 교육자 제임스 네이스미스가 1891년에 고안한 스포츠입니다. 당시 미국 매사추세츠주 스프링필드의 YMCA 양성학교(현 스프링필드대학교)에서 체육 교사로 일하던 네이스미스는 풋볼보다 부상 우려가 적고 추운 계절 실내에서 즐길 수 있는 스포츠가 있으면 좋겠다고 생각했습니다. 고민 끝에 벽에 바구니(basket)를 달아 놓고 그 안으로 공(ball)을 던져 넣는 스포츠를 떠올리고, 간단한 규칙을 만들었습니다. 그리고 이 스포츠를 농구(basketball)라고 불렀습니다.

네이스미스는 학교의 체육관 양쪽 벽에 복숭아 바구니 두 개를 설치하고, 학생들을 각각 9명으로 이루어진 두 팀으로 나누어 시합을 해 보았습니다. 처음 하는 스포츠이다 보니 아마 혼란스러웠을 거예요. 부상이 적어야 한다는 의도와 달리 한 선수가 쓰러져 의식을 잃기도 했다니 말입니다. 그래도 농구는 20세기

농구

를 지나며 금세 인기를 얻었습니다. 미국을 시작으로 다른 나라에도 퍼져 나갔고, 프로 리그도 생겼으니까요.

초창기의 농구는 지금과 사뭇 달랐습니다. 바구니가 골대라서 공이 들어갈 때마다 다시 꺼내야 했지요. 손으로 꺼내는 게 번거로웠던지, 얼마 뒤에는 바구니 밑에 공이 빠져나갈 수 없을 정도로 구멍을 뚫어 놓고, 공이 들어갈 때마다 기다란 막대기를 구멍 아래로 툭 밀어 넣어서 공을 빼냈습니다. 몇 년 뒤에는 바구니 대신 그물 달린 금속 고리를 사용하기 시작했습니다. 이때도 그물 아래가 뚫려 있지는 않아서 여전히 공이 들어갈 때마다 막대기로 공을 꺼내야 했지요.

지금처럼 아래가 뚫려서 공이 알아서 빠져나오는 그물은 1906년이 되어서야 선보였습니다. 농구의 탄생 이후 공을 꺼내는 불편함을 덜기 위해 아래가 뚫린 그물을 사용하기까지 무려 10년이 넘게 걸렸다는 사실이 조금 의아하긴 하네요. 좀 더 일찍 생각해 낼 수는 없었을까요?

금속 고리로 만든 농구 골대를 '림'이라고 부릅니다. 여기서 림은 링의 오타가 아닙니다. 둥글게 생겼으니 링이라고 부를 것 같지만, 바퀴나 자동차 휠처럼 둥근 고리의 테두리 부분은 림이라고 부릅니다. 오히려 사각형인 권투 경기장을 링이라고 부른다니 꽤나 재밌습니다.

림이 달려 있는 백보드도 지금 모습과는 달랐습니다. 누군가 백보드를 고안하기 전 바구니는 막대기를 이용해 체육관 벽에 붙여서 세워 놓았습니다. 그런데 벽과 너무 가까워 2층에 있는 관중이 난간 너머로 손을 뻗어 공을 건드릴 수 있었습니다. 경기 방해 행위지요. 이런 관중의 장난을 막으려고 설치한 게 바로 백보드입니다.

최초의 백보드는 보드(판)라고 하기가 무색하게도 네모난 철조망이었습니다. 그러다가 나무판으로 바뀌었습니다. 선수의 부상 위험도 있었고, 철조망 사이로 손을 뻗어 공을 건드리려는 극성스러운 관중도 여전히 있었거든요. 1904년에는 백보드를 나무로 만드는 것이 의무 사항이 되었습니다.

백보드의 도입과 함께 농구의 경기 양상도 바뀌었습니다. 백보드를 이용한 슛이나 패스가 가능해졌지요. 백보드를 활용한 플레이를 지원하기 위해 선수들이 원하는 위치에 잘 겨냥할 수 있도록 백보드 안쪽에 작은 네모 표시도 생겼습니다. 앞서 달리던 선수가 백보드에 공을 튕기고 뒤에서 오던 선수가 이를 잡아서 덩크슛을 꽂는 장면은 농구에 백보드가 도입되지 않았다면 볼 수 없었을 테지요.

몇 년 뒤 백보드의 소재는 나무에서 유리로 바뀝니다. 나무는 불투명해서 백보드 뒤쪽에 앉은 관중이 경기를 제대로 볼 수 없었습니다. 농구는 림 주위에서도 치열한 경합이 벌어지곤 하는데, 이런 장면을 모두 놓친다면 경기를 제대로 봤다고 하기 어렵겠지요? 오늘날 공식 경기에 쓰이는 농구 골대의 백보드는 유리로 만듭니다.

최상의 바닥 재료를 찾아라

농구에서는 공을 튕기며 이동하는 행동을 드리블이라고 부릅니다. 공을 튕겨야 하다 보니 바닥 재질이 경기에 큰 영향을 끼칩니다. 잔디밭 같은 곳에서는 농구를 하기 어렵지요. 너무 푹신해서 농구공이 잘 튀지 않거든요.

대한민국농구협회의 규정에 따르면, "볼의 밑 부분에서 측정하여 1,800mm의 높이에서 떨어뜨려 볼의 윗부분이 1,200~1,400mm 높이까지 튀어 오르도록 공기를 넣어야 한다."라고 되어 있습니다. 그렇다고 무작정 바닥을 딱딱하게 만들면 안 됩니다. 빠르게 달리고 높이 뛰어야 하는 선수들의 무릎과 발목에 무리가 가기 때문입니다. 리바운드(림이나 백보드에 맞고 튕겨 나온 공을 낚아채는 기술)하려고 높이 뛰었다가 착지하거나 넘어지면서 크게 다칠 수도 있습니다. 선수들의 호쾌한 덩크슛을 보고 싶다면, 단단하면서도 탄력이 좋아 안전하게 경기할 수 있는 재질의 바닥을 깔아야겠지요.

오늘날 정식 농구장의 상당수는 나무로 바닥을 만듭니다. 그 중에서도 단풍나무가 많이 쓰입니다. 농구의 역사 초창기부터 그랬는데, 이유는 사실 간단합니다. 네이스미스가 최초의 농구 경기를 치렀던 체육관 바닥 재료가 바로 단풍나무였거든요. 물론 단풍나무가 농구 경기에 적합하지 않았다면 지금까지 사용할 리가 없겠지요.

당시 북미에서 단풍나무는 체육관 바닥으로 널리 쓰였습니다. 쉽게 구할 수 있어 값이 저렴하면서도 내구성이 좋고 안정적이었거든요. 단풍나무는 참나무나 벚나무에 비해 단단하고 조직이 치밀해서 청소와 관리가 더 쉽습니다. 이런 단풍나무의 특성은 농구장 바닥에 적합하지요. 100여 년이 지난 지금까지도 말입니다.

그러나 농구를 즐기는 일반인이라면 나무와는 다른 농구장 바닥이 더 익숙할 겁니다. 학교나 동네 놀이터 등 야외에도 농구장이 있는데, 이렇게 야외에 있는 농구장 바닥은 대체로 나무가 아닙니다. 수시로 비와 눈이 내리는 야외에 나무 바닥을 설치하고 유지하기는 어렵습니다. 계절에 따른 온도 변화와 햇빛에도 오래 견딜 수 있도록 내구성이 좋아야 합니다.

현대 도시에서 바닥 재료로 많이 쓰이는 콘크리트나 아스팔트라면 어떨까요? 콘크리트와 아스팔트는 단단해서 농구공을 튕기기에 충분합니다. 조금만 힘을 줘도 바닥에 튕긴 농구공이 손바닥 안에 쫙 들어오는 감각을 즐길 수 있지요. 하지만 이 두 재료는 단단하기만 할 뿐 충격 흡수가 되지 않아 높이 뛰었다가 착지할 때마다 무릎과 발목에 무리가 옵니다. 뛰다가 넘어지기라도 한다면……. 아이고, 생각만 해도 몸서리치게 되네요.

학교 운동장 같은 흙바닥은 조금 푹신하겠지만, 울퉁불퉁해서 드리블하기에 썩 좋지는 않습니다. 그런 단점을 보완하기 위해 야외 농구장에는 흔히 우레탄 바닥을 사용합니다. 우레탄은 합성수지의 하나로 우리 주변에서 흔히 볼 수 있습니다. 어린이 놀이터에 많이 깔려 있는 폭신한 재질의 바닥이 바로 우레탄이지요. 스마트폰을 보호하기 위해 투명하고 말랑말랑한 젤리 케이스도 많이 쓰지요? 역시 우레탄으로 만든 것입니다.

우레탄은 콘크리트나 아스팔트보다 비교적 부드러워 운동장의 달리기 트랙이나 농구장 같은 경기장에 널리 쓰입니다. 다만 유해 물질이 나올 수 있어 엄격한 관리가 필요하지요.

깨지면 안 돼!

이번에는 오늘날 쓰이는 림과 백보드를 좀 더 자세히 살펴보겠습니다. 농구 규정에 따르면 림은 단단한 강철로 만들어야 하며, 선수가 림에 매달려도 휘어지지 않도록 강철의 굵기가 1.6~2cm여야 합니다. 그렇다 해도 거구의 선수가 오랫동안 매달려 있으면 무리가 갈 수밖에 없어서 림에 너무 오래 매달리거나 일부러 흔드는 행위에는 테크니컬파울(신체 접촉 이외에 고의로 경기를 지연시키는 반칙)을 적용하고 있습니다.

　농구에 관심이 좀 있는 사람이라면 호쾌한 덩크슛의 충격을 이기지 못하고 유리로 된 백보드가 깨지는 모습을 본 적이 있을 겁니다. 키 2m가 넘고 몸무게가 100kg나 되는 선수가 강력한 덩크슛을 꽂으면 유리가 깨지지 않는 게 도리어 희한한 일이지요. 그래서 백보드에는 보통 유리보다 튼튼한 강화유리를 씁니다. 강화유리는 평평한 판유리를 700℃ 정도의 고온으로 가열한 뒤 차가운 공기로 표면을 빠르게 냉각해 만듭니다. 그러면 유리 표면에는 압축응력이 생깁니다. 압축응력이 있다는 건 지속적으로 압축하는 힘이 작용하는 상태라는 뜻입니다. 이 압축응력이 유리가 깨지는 힘에 저항하기 때문에 유리가 파손되지 않는 것이지요.

농구

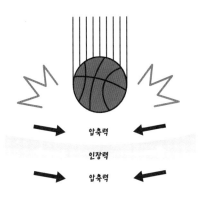

압축력

인장력

압축력

강화유리는 일반 유리와 달리 힘이 가해진 면의 반대쪽 면에도
압축력이 작용하기 때문에 유리가 깨지는 것을 막아 준다.

  예를 들어, 평평한 유리에 야구공처럼 딱딱한 물체가 날아와 부딪혔다고 생각해 보세요. 유리도 힘이나 충격을 가하면 미세하게 휩니다. 힘을 빼면 다시 원래대로 돌아오고요. 그런데 금속 같은 재료는 과도하게 힘을 주면 휜 채로 모양이 변해 버리잖아요? 이렇게 고체가 변형되어 원래 상태로 돌아가지 않는 것을 소성변형이라고 하는데, 유리는 소성변형을 하지 않는 물질입니다. 과도하게 휘면 균열이 생기면서 깨져 버리지요.

  한쪽 면에 야구공이 부딪히면 유리가 휘면서 야구공이 부딪친 면은 수축하고 반대쪽 면은 늘어납니다. 유리가 깨지는 이유는 이때 유리의 반대쪽 면이 과도하게 늘어나기 때문입니다. 그런데 강화유리의 경우 야구공이 부딪친 면의 반대쪽에 압축력이 작용합니다. 이 압축력이 늘어나는 힘(인장력)에 저항해 유리가 깨지는 것을 막아 줍니다. 이런 특성 때문에 강화유리는 일반 유리보다 강도가 높아 잘 깨지지 않습니다.

충격이 너무 강해 깨질 때도 일반 유리와는 다른 모습을 보입니다. 일반 유리는 충격을 받은 지점부터 금이 쫙 가면서 여러 조각으로 깨집니다. 깨진 유리 조각은 단면이 뾰족하고 날카롭지요. 보통 유리로 백보드를 만들면 쉽게 깨지는 것도 문제거니와 유리 조각에 선수가 크게 다칠 수도 있어요. 반면 강화유리는 깨질 때도 정육면체 모양으로 잘게 부서집니다. 파편도 널리 퍼지지 않고 그대로 아래로 쏟아져 내리기 때문에 일반 유리보다 안전합니다. 그래서 샤워 부스처럼 안전이 중요한 곳에도 강화유리를 사용하지요.

물론 아무리 강화유리가 튼튼하다고 해도 한계가 있다 보니 강력한 덩크슛에 백보드가 깨지는 상황이 종종 발생했습니다. 이 때문에 고심하던 미국 프로농구협회(NBA)는 1970년대에 용수철을 이용한 새로운 림을 도입했습니다. '브레이크어웨이 림'이라고 부르는 이 림은 백보드와 결합하는 부위에 경첩과 용수철이 있어 선수가 매달리면 살짝 아래로 구부러졌다가 손을 놓으면 용수철에 의해 다시 원래대로 돌아옵니다. 용수철이 백보드에 전달하는 충격을 완화하는 것이지요.

이런 기술의 도입과 함께 골대의 전체적인 내구성을 강화하면서 1990년대 이후 농구 경기에서 백보드가 망가지는 상황은 볼 수 없게 되었습니다. 그리고 우리는 선수들이 거침없이 펼치는 덩크슛의 향연을 마음 놓고 즐길 수 있지요. 농구의 경기 규칙과 함께 경기장과 시설이 발달하지 않았다면, 농구는 지금처럼 재미있는 경기가 되지 못했을지도요!

높이 솟은 골대도 문제없어

그러면 우리도 직접 경기장에서 농구공을 가지고 놀아 볼까요? 생각 같아서는 선수처럼 화려한 드리블로 수비를 제치고 뛰어올라 아름다운 포물선 궤적의 슛을 날리고 싶네요. 공중에서 패스를 받아 그대로 골대에 내리꽂는 앨리웁 덩크나 상대 수비를 정면에 둔 채로 높이로 압도하며 찍어 누르는 이른바 인유어페이스 덩크도 해 보고 싶습니다.

아, 그런데 역시 현실은 현실입니다. 드리블은 엉뚱한 데로 튀고, 슛은 빗나가기 일쑤며, 덩크슛은 언감생심 꿈도 꿀 수가 없네요. 골대는 왜 저렇게 높은지…….

정식 농구 골대에서 림의 높이는 3.05m입니다. 특별한 이유가 있는 건 아닙니다. 네이스미스가 처음 농구 경기를 만들었을 때 체육관 2층 난간에 림을 매달았는데, 그때의 높이가 3.05m였기 때문입니다. 림의 안쪽 지름은 45cm입니다. 여기에 지름이 24cm인 농구공을 던져 넣어야 하는 것이지요. 림의 지름이 공의 두 배에 가까우니 얼핏 생각하면 어렵지 않을 것 같습니다. 정말 그럴까요?

보통 사람이 공을 던지는 높이는 골대의 높이보다 낮습니다. 따라서 공은 위쪽으로 올라갔다가 아래로 떨어지는 포물선을 그리며 골대로 향합니다. 만약 공이 수평에서 30도 기울어진 각도로 골대를 향해 날아간다면 공에서 보이는 림의 크기는 짧은 지름이 22.25cm인 타원으로 보입니다. 포물선의 높이가 높을수록 림의 크기는 크게 보이겠지요. 공이 수직으로 떨어져야 모든 방향의 지름이 45cm인 원으로 보입니다. 그렇다고 공을 하늘 꼭대기까지 던질 수는 없는 노릇이지만요.

흔히 가장 이상적인 슛 각은 45도라고 합니다. 이론적으로 가장 멀리 던질 수 있기도 하고, 공이 떨어질 때 림에 들어갈 수 있는 충분한 여유 공간도 나오는 각도입니다. 실제로는 45도보다 조금 높게 던져야 합니다. 사람이 공을 던지는 높이가 보통 골대보다 낮기 때문입니다. 게다가 수비의 블로킹을 피해서 던지려

농구

면 더 높게 던져야 할 때도 있습니다.

아무래도 키가 작을수록 더 높은 각도로 슛을 해야 합니다. 수비와 키 차이가 많이 난다면, 도저히 각도가 안 나올 수도 있습니다. 가능한 한 높이 뛰어올라 점프슛을 시도할 수 있겠지만, 무리하게 슛을 하면 당연히 정확도가 떨어질 수밖에 없지요. 반대로 키가 큰 선수가 너무 작은 각도로 던지면 공간이 좁아져 골이 들어가기 어렵습니다. 그러니 자신의 키에 맞는, 혹은 수비의 블로킹을 피할 수 있는 적절한 각도를 찾는 게 중요합니다.

슛은 이렇게 연습할 수 있다지만, 야속하게도 덩크슛만큼은 타고난 신체가 필요합니다. 높이 3.05m인 골대에 덩크슛을 하려면 공을 든 손이 그 위로 훌쩍 올라가야 합니다. 간단히 계산을 해 보지요. 키가 175cm인 사람이 팔을 위로 들면 손끝까지의 높이, 이른바 스탠딩 리치는 220~230cm입니다. 덩크슛을 하려면 손끝의 높이가 340~350cm까지 올라가야 할 텐데요. 그러려면 120cm 이상 뛰어오를 수 있어야 한다는 결론이 나옵니다. 웬만한 사람은 어렵겠지요. 키가 크고 팔이 긴 사람일수록 조금만 뛰어올라도 덩크슛을 할 수 있습니다.

2024년 NBA의 드래프트(신인 선수 선발 제도) 기록을 살펴보면, 스탠딩 리치는 280~290cm가 상위권입니다. 10~20cm만 뛰어도 림에 손이 닿을 수 있을 정도지요. 점프력은 대체로 1m 정도입니다. 이런 선수가 뛰어오르면 380cm 높이까지 손을 뻗을 수 있을 테니 단순한 덩크슛 정도는 일도 아니겠네요. 평균 신장인 사람이 덩크슛을 하려면 NBA 선수보다 훨씬 더 높이 뛰어야 하는 셈이니 노력만으로는 어려울 것 같습니다.

하지만 덩크슛이 불가능하다면 또 어떤가요? 애니메이션으로도 나온 만화 〈슬램덩크〉 속 송태섭이 단신임에도 스피드와 순발력을 앞세워 팀에서 중요한 역할을 맡는 것처럼, 농구의 즐거움은 덩크슛 외에도 다양한걸요. 그래도 덩크슛의 기분을 느끼고 싶다면 골대를 조금 낮게 설치하면 될 일이지요.

꼭 프로 선수가 뛰는 정식 경기장이 아니더라도, 우레탄 바닥에 더 낮은 골대에서라도 농구가 주는 즐거움을 누리는 게 더 중요하지 않을까요? 그리고 정식 경기장에서 펼쳐지는 프로 선수들의 화려한 플레이는 또 그 나름대로 즐기는 겁니다. 우리로서는 도저히 불가능한 일이기 때문에 선수들이 펼치는 묘기가 더욱 경탄스러워 보이는 것일 테니까요.

잠깐, 어쩐지 주위가 조용하지 않나요? 소란한 응원 소리가 사라져서 그런지 유독 선수들의 기합 소리, 튀어 오르는 공 소리가 더 잘 들리는 것 같습니다. 그렇다고 관중이 적은 것은 아닙니다. 경기를 관람하는 사람들의 고개가 끊임없이 좌우로 왔다 갔다 하는 모습을 잘 볼 수 있으니까요.

지금부터 알아볼 경기장은 바로 테니스장입니다. 코트 중앙에 네트를 두고 공을 라켓으로 쳐서 상대 진영으로 넘기는 구기 종목이지요. 테니스도 여러분에게 상당히 친숙한 종목일 겁니다. 한때는 아파트 단지나 학교 운동장에서 테니스 코트를 쉽게 볼 수 있었고, 요즘에는 실내 테니스장도 많이 생겨 테니스를 배워 보고 싶은 사람들을 유혹하고 있습니다. 격렬하면서도 우아하다는 점이 매력으로 꼽히는 테니스의 세계로 들어가 볼까요?

테니스는 귀족 스포츠다?

테니스가 귀족들이 즐기는 스포츠라는 말을 들어 봤나요? 흔히 테니스를 고상한 스포츠라고 합니다. 스포츠 경기에 귀족은 뭐고 고상한 건 또 뭔가 싶을 수도 있지만, 이는 테니스의 역사와 관련이 있습니다.

저도 사실 테니스의 역사에는 특별히 관심을 둔 적이 없었는데, 예전에 〈튜더스〉라는 아일랜드와 캐나다 합작 드라마를 보다가 어느 장면에 시선이 꽂힌 적이 있습니다. 〈튜더스〉는 영국 튜더 왕조의 헨리 8세의 일생을 다룬 드라마입니다. 15~16세기에 살았던 헨리 8세는 무려 여섯 번이나 결혼하며 그중 두 명을 처형했다는 굉장한 사연으로 지금까지도 널리 알려진 왕입니다. 물론 사생활 외에도 여러 업적으로 영국 역사에 커다란 영향을 끼치기도 했지요.

헨리 8세는 젊은 시절 사냥이나 마상 창 시합 같은 신체 활동을 매우 좋아했습니다. 제가 유심히 봤던 장면은 바로 헨리 8세가 절친인 서포크 공작, 찰스 브랜던과 궁중에서 라켓으로 공 치는 운동을 즐기는 모습이었습니다. 귀족들이 구경하는 가운데 왕이 격렬하게 뛰어다니며 공을 치는 모습도 이색적이긴 했지만, 무엇보다 그 운동이 낯익었기 때문이었습니다. 오늘날의 테니스와 아주 흡사했지요.

그렇습니다. 테니스는 수백 년 전의 영국 왕도 즐겼을 정도로 오랜 역사를 가진 스포츠입니다. 문헌 기록에 따르면, 유럽의 중세 시대까지 거슬러 올라갑니다. 처음에는 맨손으로 공을 쳤고, 이후에는 장갑을 꼈다고 합니다. 라켓이 등장한 건 16세기였습니다. 그즈음 테니스는 유럽의 궁정에서 커다란 인기를 끌었습니다.

테니스(tennis)라는 이름은 프랑스어 테네즈(tenez)에서 유래했습니다. "받으시오!"라는 뜻입니다. 초창기에는 서브를 하기 전에 상대에게 '테네즈'라고 외쳤다고 합니다. 그래도 승부를 겨루는 놀이인데 너무 친절한 거 아니냐고요? 아무래도 왕족이나 귀족이다 보니 이런 예의를 차리지 않았나 싶습니다.

18세기에 들어서면서 궁정에서 즐기던 테니스는 서서히 쇠퇴했습니다. 대신 오늘날에 볼 수 있는 것과 비슷한 새로운 테니스가 등장했습니다. 이 새로운 테니스는 궁중의 실내 코트가 아닌 잔디밭에서 경기를 펼쳤기 때문에 론 테니스(lawn tennis)라고 불렸습니다. 시간이 흐르면서 이 새로운 테니스는 그냥 테니스로 굳어졌고 오히려 옛날 방식의 테니스를 리얼 테니스(real tennis) 또는 로열 테니스(royal tennis)라고 부르기 시작했지요. 리얼 테니스가 완전히 사라진 건 아닙니다. 리얼 테니스는 아직도 명맥을 유지하고 있으며, 대회도 열리고 있습니다.

우리나라에 테니스가 들어온 건 조선을 방문한 서양 외교관 혹은 일본인에 의해서였습니다. 이와 관련해 재미있는 이야기가 전해지고 있지요. 서양 외교관이 테니스를 즐기고 있는 모습을 본 고종 황제가 "저런 힘든 일은 하인을 시키지 왜 직접 하는지 모르겠다."라고 말했다고 합니다. 진위는 알 수 없지만, 테니스가 원래 왕과 귀족이 즐기던 스포츠였다는 사실을 생각하면 흥미롭습니다.

쉿, 매너를 지킵시다!

자, 이제 테니스 경기를 잠깐 관람해 보겠습니다. 때마침 세계 랭킹 1위와 떠오르는 신예의 결승전이 펼쳐지고 있군요. 열기가 후끈할 수밖에 없겠네요. 방금 도전자가 강력한 서브를 넣었습니다.

그런데 테니스 경기를 자주 보지 않는다면 어딘가 이질적인 느낌을 받을 수도 있습니다. 중요한 경기임에도 관중의 함성이 들리지 않거든요. 테니스 특유의 관전 매너 때문이지요. 귀족의 스포츠에서 유래되어서인지 테니스는 격식과 예의를 중요하게 여깁니다. 모든 스포츠에는 저마다 고유의 예의범절이 있지만, 테니스는 경기 중에 응원도 마음대로 못 하는 까다로운 문화가 있습니다. 답답하긴 하지만, 조용히 경기에 집중하니 선수들의 움직임 하나하나가 더 잘 보이는 것 같지 않나요?

코트 이야기를 한다는 것이 잠시 옆길로 샜군요. 아마 이쯤에서 의문이 생길 겁니다. 아까 제가 옛날 귀족들의 테니스와 다른 새로운 테니스는 잔디에서 했다고 말씀드렸습니다. 그래서 잔디를 의미하는 론(lawn) 테니스로 불렀다고 했지요. 그런데 지금 경기가 펼쳐지고 있는 코트의 바닥은 잔디가 아닙니다. 야외에 흔히 있는 농구장 바닥처럼 생겼지요?

오늘날 테니스 경기는 주로 세 종류의 코트에서 치릅니다. 지금 경기가 펼쳐지고 있는 코트의 바닥은 인공 소재로 만든 것으로, 이런 경기장을 하드 코트라고 부릅니다. 그리고 잔디가 깔린 잔디 코트와 학교 운동장처럼 흙으로 된 코트도 있습니다. 흙바닥인 경기장을 클레이 코트라고 부르지요. 어떤 코트를 사용하느냐에 따라 경기의 양상이 달라집니다.

먼저, 클레이 코트는 잘게 분쇄한 점토나 벽돌, 암석을 이용해 만듭니다. 평평하게 잘 깔기만 하면 되니 경기장을 만들기는 가장 쉽습니다. 하지만 흙은 바람에 날리거나 쉽게 파이다 보니 관리하기가 까다롭습니다. 평평함을 유지하기 위해 정기적으로 롤

러로 눌러 줘야 합니다.

　클레이 코트는 표면과 공의 마찰력이 큽니다. 따라서 공이 바닥에 높게 튕기면서 속도가 느려집니다. 강력한 서브가 주특기인 선수는 클레이 코트에서 손해를 볼 수밖에 없습니다. 또, 경기 도중 흙이 파인 곳에 공이 떨어진다면 바운드가 불규칙해집니다. 공이 바운드되는 지점에 바짝 붙어서 재빨리 처리하는 공격형 선수보다 좀 떨어진 곳에서 공을 충분히 보고 처리하는 수비형 선수가 좀 더 유리하겠지요.

　다음으로 잔디 코트는 공이 바닥에 튕긴 뒤에도 속도가 줄지 않고 낮게 날아와 서브가 강한 선수에게 유리합니다. 선수들의 다리에도 무리가 덜 가서 부상의 우려도 덜하지요. 게다가 푸른 잔디가 흙바닥보다는 아무래도 보기가 좋습니다. 경기를 관람하는 데 시각적인 요소도 무시할 수는 없으니까요. 다만 잔디 코트는 유지하고 관리하는 데 비용이 많이 듭니다.

　마지막으로 하드 코트는 바로 지금 우리가 보고 있는 코트입니다. 보통 평평한 아스팔트나 콘크리트 위에 모래를 섞은 합성 소재 또는 아크릴 수지를 발라서 만듭니다. 공이 더 잘 보이도록 페인트를 칠하면 선수의 플레이나 관중의 경기 관람에도 도움이 됩니다. 공이 튀는 성질은 클레이와 잔디의 중간 정도입니다. 클레이 코트보다는 공이 튕기는 속도가 빠르고, 잔디 코트보다

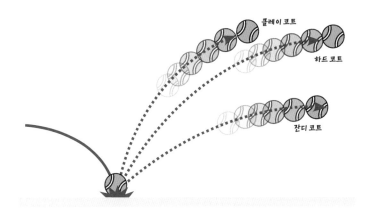

테니스공이 같은 각도와 방향, 힘으로 코트 바닥에 부딪혔을 때
바닥의 재료에 따라 공이 튀어 오르는 높이가 달라진다.

는 느립니다.

신발과 바닥의 마찰도 생각하지 않을 수 없습니다. 흙으로 된 학교 운동장에서 뛰어 본 경험으로 짐작할 수 있듯이, 흙바닥은 달려가다가 멈추면 그대로 주르륵 미끄러집니다. 하지만 하드 코트의 경우 달리다가 멈추면 그대로 발바닥이 땅에 붙어 버린 듯이 멈추지요.

이런 차이는 경기 양상에도 차이를 가져옵니다. 클레이 코트에서는 일부러 발을 미끄러뜨리며 방향을 전환하는 동작이 가능하지만, 하드 코트에서 그러다가는 발목이나 무릎에 부상을 입을 수 있습니다. 잔디 코트에서는 공이 낮고 빠르게 튀듯이 발도 쉽게 미끄러져 순간적으로 재빨리 움직여 공을 쫓아가는 게 쉽지 않습니다. 보통 공이 높게 튀는 클레이 코트에서는 공이 네트 사이를 오가는 랠리가 길게 이어집니다. 따라서 체력이 강하고 공을 정교하게 받아칠 수 있는 선수가 유리하지요.

테니스 선수 중에는 압도적인 기량으로 2000년대 남자 단식 황금기를 이끈 일명 '빅3', 즉 라파엘 나달, 로저 페더러, 노박 조코비치가 있습니다. 스페인의 라파엘 나달은 클레이 코트의 최강자로 불립니다. 반면 잔디 코트는 빠르고 공격적인 선수에게 잘 맞습니다. 잔디 코트에서는 스위스의 로저 페더러가 유명합니다. 하드 코트는 어느 쪽으로도 치우치지 않아 비교적 공평한 코트로 불리지요. 세르비아의 노박 조코비치는 코트를 크게 가리지 않고 높은 승률을 보이고 있습니다.

이렇듯 테니스는 코트의 종류에 따라, 선수들의 장단점에 따라 경기가 달라지는 재미가 있답니다. 테니스 대회에서 가장 권위 있는 4개 대회, 이른바 그랜드 슬램도 코트 종류에 따라 승부가 갈리기도 합니다. 역사가 가장 오래된 윔블던은 잔디 코트를 사용하며, 프랑스 오픈이라고 불리는 롤랑 가로스는 클레이 코트, 그리고 호주 오픈과 US 오픈은 하드 코트를 사용하지요. 이런 점을 눈여겨본다면 테니스 경기가 더욱 재미있어질 겁니다.

테니스 코트의 기하학

테니스에 조금 익숙해졌다면, 선수들의 움직임을 자세히 살펴보세요. 날카롭게 구석으로 꽂히는 공도 몸을 날려 받아 내는 모습이 정말 멋지지 않나요? 마치 공이 어디로 날아올지 예측했다는 듯이 말이에요. 이러한 움직임에는 테니스 코트의 기하학 원리가 영향을 미칩니다. 물론 선수들이 선을 그어 가며 계산해서 움직이는 건 아닙니다. 오랜 훈련으로 상황에 따라 어느 위치에서 상대의 공을 가장 잘 받아칠 수 있는지 몸으로 익힌 결과지요.

테니스를 각도의 게임이라고 부르곤 하는데요. 지금부터 간단한 원리부터 하나하나 알아보겠습니다. 우리가 테니스를 직접 친다고 상상해 보지요. 테니스 코트에서 자기 진영의 가운데에 서 있다고 가정해 보겠습니다. 이때 조금 앞에 설 수도 있고 뒤쪽에 설 수도 있습니다. 앞쪽, 즉 네트와 가까워질수록 공을 보낼 수 있는 각도가 커집니다.

가능하다면, 앞쪽에 서서 칠 때 상대가 받기 어렵게 공을 보낼 수 있습니다. 물론 네트 가까운 곳에서 치려면 상대가 친 공이 바닥에 튕기기 전에 바로 받아 내야 한다는 어려움이 있습니다. 뒤에서 공을 친다면, 상대에게 위협적인 공격을 가하기 힘들겠지요. 아무리 양쪽으로 공을 꺾어 보낸다고 해도 코트 밖으로 나

가지 않게 칠 수 있는 각도가 작아서 상대가 쉽게 받을 수 있습니다. 그러니 만약 뒤쪽에 자리를 잡고 있는 상황이라면 공의 스핀이나 높낮이에 변화를 주며 공격 기회를 노리는 게 좋습니다.

수비할 때도 마찬가지입니다. 상대방이 서 있는 위치에 따라 공을 보낼 수 있는 최대 각도가 있습니다. 공이 양옆으로 가장 멀리 갈 수 있는 경로를 선으로 그린다면, 우리는 그 각을 이등분하는 선 위에 있어야 공을 받을 확률이 높습니다. 상대가 왼쪽과 오른쪽 중 어디로 공을 보낼지 모르는 상황에서 공이 오는 방향에 따라 가장 효율적으로 대처할 수 있으니까요. 좌우뿐만 아니라 앞뒤 위치도 신경 써야 합니다. 선수가 너무 뒤쪽에 있다면 가운데에 자리 잡고 있어도 양옆 최대 각까지의 거리가 너무 멀어서 공을 받을 수 없으니 네트와의 거리도 적절히 판단해야 합니다.

코트 중앙에 위치한 기다란 네트로 인해 생기는 현상을 이용하는 플레이도 재미있습니다. 네트는 양쪽에 기둥을 세우고 그 사이를 잇는 방식으로 설치됩니다. 하지만 네트를 아무리 팽팽하게 당겨도 네트 자체의 무게로 인해 아래로 처질 수밖에 없습니다. 특히 가운데 부분이 가장 그렇습니다. 네트 양 끝과 가운데의 높이는 15cm가량 차이가 납니다.

이 정도의 처짐이 별것 아닌 것 같아도 선수들에게는 엄청난 차이가 될 수 있습니다. 공을 네트 한가운데로 넘긴다면, 양옆으로 넘길 때보다 10cm 이상 낮게 보낼 수 있으니까요. 공이 더 낮은 포물선을 그리면 더 강력하게 날아가 상대가 받기 어려워집니다. 즉, 선수가 코트의 오른쪽에서 공을 친다면, 네트의 가운데를 넘겨 대각선 반대쪽으로 보내는 게 유리합니다.

물론 당연히 상대도 이를 예상하고 준비하겠지요. 그럴 때는 허를 찔러 다른 방향으로 보낼 수도 있습니다. 예측했지만 강력한 공이냐, 예상 밖이지만 약한 공이냐 사이에서 수 싸움을 벌이는 재미도 있을 테고요. 단순하게 설명했지만, 실제 경기장 안의 상황은 일분일초가 다를 겁니다. 실제 선수들이 얼마나 치열하게 각도를 재며 수 싸움을 벌이고 있는지는 상상하기 어렵네요.

판정 시비는 이제 그만, 삼각측량법

와~! 방금 보셨나요? 챔피언의 강력한 서브를 도전자가 받아 내지 못했습니다. 얼마나 빨랐는지 공이 보이지도 않았습니다. 엄청난 박수가 터져 나옵니다. 아, 그런데 심판이 아웃을 선언했습니다. 챔피언은 당황하지만 이내 전광판에 공이 날아간 궤적을 재현한 3D 영상이 나타납니다. 영상에 따르면 공은 라인을 살짝 벗어났네요. 결국 챔피언도 승복하고 경기를 재개하는군요.

심판이란 참으로 어려운 자리입니다. 역대 가장 빠른 서브 기록은 남자의 경우 시속 265km, 여자는 시속 208km였습니다. 보통 남자 선수의 서브 속도는 시속 200km 정도입니다. 이렇게 엄청난 속도로 날아가는 공을 눈으로 쫓아 선을 넘어갔는지 아닌지 판단한다는 건 대단한 일이지요. 클레이 코트는 바닥에 공 자국이 남기 때문에 판정을 내리는 데 도움이 되지만, 잔디나 하드 코트에서는 그럴 수 없습니다.

판정 하나로 승패가 바뀔 수 있는데 워낙 어렵다 보니 테니스는 심판을 여럿 두고 있습니다. 주요 경기에서는 무려 14명이 심판을 봅니다. 가능한 한 정확한 판정을 내리기 위해 역할을 나누어 각자 담당 분야만 집중적으로 들여다봅니다. 그래도 사람이다 보니 완벽할 수는 없습니다. 결국 테니스는 '호크 아이'라고 하는 첨단 시스템을 도입했습니다. 아까 본 영상이 바로 호크 아이의 결과물입니다.

호크 아이는 2001년 영국의 로크 매너 리서치라는 회사에서 개발했습니다. 경기장 곳곳에 설치된 여러 대의 초고속 카메라를 이용해 공의 움직임을 추적하는 장치입니다. 호크 아이를 가장 먼저 사용한 종목은 우리에게는 다소 낯선 크리켓이었습니다. 테니스에서는 2000년대 중반부터 사용했는데, 심판의 판정에 불만인 선수가 직접 호크 아이 판독을 요청하는 방식이었지요. 그 뒤로 축구에서 공이 골라인을 넘어갔는지 판독하는 데도 쓰이기 시작했으며, 배구나 배드민턴 등 다른 종목에서도 차차 도입하고 있습니다.

호크 아이의 기본 원리는 삼각법 또는 삼각측량법입니다. A, B, C를 꼭짓점으로 하는 삼각형 하나가 있다고 합시다. A와 B의 위치 혹은 둘 사이의 거리를 알고 있습니다. 이때 A와 B에서 C를 관측해서 선분 AB와 AC 사이의 각도, 선분 AB와 BC의 각도를 알아내면 C의 위치도 구할 수 있습니다. 삼각형 내각의 합은 180도라는 사실과 삼각함수를 이용하면 쉽게 알 수 있지요.

테니스에서 사용하는 호크 아이의 경우 초고속 카메라를 열 대 이상 사용합니다. 여기서 찍은 영상을 프레임별로 분석해 공의 위치를 계산하고, 공이 움직이는 경로를 공간상에 그려 냅니다. 공을 추적할 뿐 아니라 공이 앞으로 움직일 경로를 예측할 수도 있습니다. 이 정보를 바탕으로 3차원 영상을 생성해 심판의 판정을 돕고, 관중이나 TV 시청자에게도 보여 줍니다. 심지어 공이 바닥에 부딪히면서 찌그러지는 모습까지 구현하지요.

판정 시비를 없앨 수 있는 좋은 시스템이지만, 클레이 코트에서는 호크 아이를 잘 사용하지 않는 편입니다. 클레이 코트는 공이 부딪힌 부위에 자국이 남아 판정에 활용할 수 있기도 하고,

경기 중에 계속해서 표면에 공이나 신발로 인한 변형이 생겨 호크 아이를 사용하기 어렵거든요.

지금 이 경기장에도 최신의 판정 보조 시스템이 설치되어 있습니다. 아직은 정확성에 대한 논란이 있지만, 앞으로 기술이 발전하면 의문의 여지없는 정확성을 갖추게 될 겁니다. 그때는 심판 보조라는 역할을 넘어 아예 인간 심판을 대체할 수 있을지도 모릅니다. 기계로만 이루어진 심판은 과연 스포츠를 더 재미있게 해 줄까요? 여러분은 어떻게 생각하나요?

　모든 스포츠의 기본이 되는 것은 무엇일까요? 혹은 최초의 스포츠는 무엇이었을까요? 잠시 유추해 보자면 복잡한 규칙이나 까다로운 도구 없이도 할 수 있는 종목일 겁니다. 그렇다면 지금까지 살펴본 구기 종목은 아닐 가능성이 높겠지요? 맨몸으로만 능력을 겨루는 형태였을 거예요.

　그렇습니다. 이곳은 가장 원초적인 스포츠이자, 다른 스포츠의 기본이라고 할 수 있는 육상 경기가 치러지는 경기장입니다. 튼튼한 신체와 고른 땅만 있다면 어디든 경기장이 될 수 있지요. 힘껏 달리고 뛰어오르고 던지며 인체의 한계를 넘어서는 선수들의 열정으로 벌써 경기장이 뜨겁게 달아오른 듯합니다. 자, 우리도 그 열기에 취해 볼까요?

육상, 가장 원초적인 스포츠

인간의 가장 기본적인 신체 활동으로 이루어진 육상의 역사는 매우 깁니다. 달리기와 던지기는 아마 호모사피엔스로 진화하기 이전부터 존재하는 동작이었을 겁니다. 처음부터 이런 활동을 스포츠로 즐긴 건 아니었겠지요. 포식자로부터 도망치거나 사냥하는 데 필요했던 능력이 점차 무리 안에서 떠받들어지면서 그런 능력을 겨루거나 뽐내는 문화가 생겼고, 결국 스포츠로 탄생하지 않았을까 합니다.

기원전 8세기부터 그리스에서 열렸던 고대 올림픽 경기의 주요 종목도 육상이었습니다. 문헌으로 전해지는 최초의 올림픽 우승자는 코로이보스라는 사람으로, 스타디온 달리기(약 190m) 대회에 출전해 우승의 영광을 안았습니다. 처음에는 이 스타디온 달리기가 유일한 종목이었다고 하지요. 여기서 스타디온은 오늘날 운동 경기장을 뜻하는 스타디움(stadium)의 어원이기도 합니다.

경기장에 어떤 경기가 펼쳐지고 있는지 구경해 볼까요? 한눈에 봐도 다양한 경기가 동시에 펼쳐지고 있네요. 경기장 자체는 특별해 보이지 않습니다. 넓은 필드를 중심으로 달리기를 할 수 있는 트랙이 둘러싸고 있는 모습입니다. 흔히 볼 수 있는 종합경

육상

기장과 다를 바가 없지만 종목이 다양한 만큼 여러분과 하나하나 이야기를 나누려면 시간이 빠듯할 것 같군요.

트랙에서는 달리기와 같은 트랙 경기를, 필드에서는 뛰기 또는 던지기 같은 필드 경기를 치릅니다. 여기에 마라톤과 같은 도로 경기, 한 선수가 다양한 종목의 경기를 치르고 기록을 합산해 승부를 가르는 복합 경기까지 육상 종목으로 아우를 수 있습니다. 트랙 경기에는 단거리와 중거리, 장거리 달리기와 이어달리기, 장애물달리기 등이 있고, 필드 경기에는 높이뛰기, 멀리뛰기 등의 뜀뛰기 종목과 포환던지기, 원반던지기 등의 던지기 종목이 있습니다. 경보와 마라톤은 경기장 밖의 도로에서 이루어지는 도로 경기에 속합니다.

가운데 레인을 노리자

지금 이 순간에도 수많은 사람이 건강을 위해 달리고 있습니다. 달리기는 특별한 경기장 없이도 할 수 있는 좋은 운동입니다. 공원이든 강변이든 평범한 길가든 어디서나 달릴 수 있습니다. 달리고자 하는 의지와 편안한 운동화만 있다면요. 저도 종종 조깅을 즐기는데요. 경치 좋은 곳에서 유유히 달리다 보면 몸과 마음이 모두 건강해지는 느낌이 듭니다.

그러나 내로라하는 선수들이 모여 자웅을 겨루는 육상 경기장에서는 그렇게 여유를 부릴 수 없습니다. 선수는 경기장에서 자신의 능력을 힘껏 발휘할 수 있어야 합니다. 기록이 중요한 종목인만큼 경기장 환경도 매우 중요합니다. 예를 들어, 달리기의 경우 모두가 정확히 똑같은 거리를 뛸 수 있어야겠지요. 선수에 따라 뛰는 거리가 조금만 달라져도 불공평한 경기가 됩니다. 그냥 거리를 정확하게 재서 트랙을 그리면 되지 않냐고 생각할 수 있지만, 트랙이 직선이 아니기 때문에 설계할 때 약간 머리를 써야 했습니다.

일단 표준 육상 경기장의 모습을 살펴보겠습니다. 위에서 본 트랙은 얼핏 타원처럼 생겼지만, 직선 구간 두 개와 곡선 구간 두 개로 이루어져 있습니다. 양쪽의 곡선 구간은 반원 모양으로 둘만 떼어내 서로 붙이면 원이 됩니다. 직선 구간의 길이는 84.39m이고, 곡선 구간은 반지름이 36.5m입니다.

그러면 이제 트랙의 둘레를 계산해 볼 수 있습니다. 직선 구간 두 개의 길이는 168.78m입니다. 곡선 구간의 길이는 반지름 (r)이 36.5m인 원의 둘레와 같으므로 원의 둘레를 구하는 공식 2πr에 대입해 계산하면, 약 229.3295m가 됩니다. π는 무리수이므로 3.1415까지만 넣고 계산했답니다. 여기에 직선 구간의 거리를 더하면 398.1095m가 됩니다.

  뭔가 이상하지 않습니까? 100m, 200m, 400m 같은 달리기 종목을 보면 100단위로 깔끔하게 끊어져야 할 것 같은데, 소수점까지 이어지는 이 숫자는 뭘까요? 그건 이 숫자가 트랙의 맨 안쪽 가장자리를 기준으로 계산한 값이기 때문입니다. 선수가 트랙의 안쪽 가장자리를 따라 달리지는 않을 테니 트랙을 좀 더 자세히 살펴봐야겠네요.

  달리기 트랙은 선수가 나란히 서서 달릴 수 있도록 선을 그려 구분합니다. 선수 한 명이 차지하고 달리는 공간을 레인이라고 합니다. 안쪽부터 순서대로 1레인, 2레인, 3레인……으로 부릅니다. 한 레인의 폭은 약 1.22m입니다. 선수는 레인 안에서 달리므로 선수가 한 바퀴를 도는 거리는 레인의 왼쪽 경계선의 둘레보다 조금 더 깁니다. 표준 트랙은 선수가 왼쪽 경계선에서 오른쪽으로 30cm 떨어진 곳에서 달린다고 상정하고 만듭니다.

  이제 다시 계산해 볼까요? 1레인의 경우, 곡선 구간에서 왼쪽 경계선의 반지름은 36.5m이지만 선수가 달리는 경로의 반지름은 36.8m가 됩니다. 원의 둘레를 계산하면 231.2144이고, 직선 구간의 길이를 합하면, 399.9944m가 됩니다. π값을 정확하지 않게 넣었다는 점을 감안하면 400m에 충분히 가까운 값이지요. 이렇게 만든 트랙이 육상 경기에 쓰이는 400m 표준 트랙입니다.

당연히 바깥쪽 레인일수록 한 바퀴의 거리가 길어지겠지요? 같은 방식으로 계산하면 2레인의 둘레는 407.659, 3레인은 415.3249m가 나옵니다. 바깥쪽으로 갈수록 둘레가 점점 커집니다. 만약 출발선과 결승선이 똑같다면, 바깥쪽에서 달리는 선수가 불리할 수밖에 없습니다. 그래서 곡선 구간을 달려야만 하는 200m 이상의 달리기 종목에서는 각 레인의 출발선이 다릅니다. 안쪽 레인일수록 출발선이 뒤에 있지요. 400m 달리기 종목이라면, 1레인 주자는 2레인 주자보다 7.659m 뒤에서 출발해야 공평할 겁니다. 그래야 모든 선수가 400m를 달리고 똑같은 결승선에 들어올 수 있으니까요.

그러나 곡선 구간이 있는 한 완벽하게 공평할 수는 없습니다. 안쪽 레인은 곡선 구간의 반지름이 짧아서 선수 입장에서는 이른바 '급커브'를 돌아야 합니다. 바깥쪽 레인을 달릴 때보다 원심력이 크게 작용하므로 달리는 데 지장을 받습니다. 또한 바깥쪽 레인은 완만하게 곡선 구간을 달릴 수 있지만, 출발선이 앞쪽이라 초반에 다른 선수들을 볼 수 없어 페이스 조절이 어렵습니다. 그래서 흔히 3~6레인이 가장 유리하다고 하지요.

결승에서는 예선 성적이 좋은 상위 네 명의 선수를 대상으로 추첨해 3~6레인을 배정합니다. 결승에서 유리한 환경을 차지차지해 제 기량을 맘껏 발휘하려면 예선부터 신경 쓰지 않을 수 없으니 예선 역시 흥미진진할 수밖에요.

1000분의 1초로 갈리는 승부

달리는 거리만 통일한다고 해서 끝은 아닙니다. 두 명 이상의
선수가 거의 동시에 결승선을 통과했을 때 누가 먼저 들어왔는
지도 정확히 가려낼 수 있어야 합니다. 특히 100m 달리기처럼
0.01초 차이로 순위가 달라지는 종목일수록 정확도가 매우 중요
합니다. 순위뿐 아니라 기록을 위해서도 시간을 정확하게 측정
해야 합니다. 물론 그전에 먼저 출발부터가 공평해야겠지요.

1~8레인의 각 선수들은 출발 신호와 함께 뛰어나갑니다. 그
런데 출발 신호음이 어느 한쪽에서만 난다면 어떨까요? 예를 들
어, 1레인 쪽에서 출발 신호음이 난다고 생각해 보겠습니다. 각
레인의 폭은 약 1.22m이므로 1레인 선수와 8레인 선수 사이의
거리는 약 8.54m입니다. 공기 중에서 소리의 속도를 초속 340m
라고 하면, 출발 신호음이 8.54m를 날아가는 데는 0.025초가 걸
립니다. 일상에서야 별 의미 없는 찰나의 순간이겠지만, 0.01초
를 다투는 경기에서는 아주 긴 시간이 될 수 있지요. 이런 불공
평함이 생기지 않도록 신호음이 나오는 스피커는 각 선수들의

출발선 뒤에 배치하고 있습니다.

여기서 또 중요한 게 부정 출발을 방지하는 것입니다. 부정 출발 역시 사람의 눈으로 보고 판단을 내리기에는 역부족입니다. 인간 심판에게만 의지한다면 판정 시비로 얼룩지는 경기가 수없이 나올 겁니다. 오늘날 우리 스포츠센터를 포함한 최신 경기장에서는 센서를 이용해 문제를 해결합니다.

단거리 달리기를 준비하는 선수들을 보면 바닥에 놓인 발 받침대에 발을 댄 채로 준비하지요? 이것을 스타트 블록이라고 하는데, 여기에는 압력 센서가 있습니다. 발바닥이 미는 압력을 센서로 측정해 선수가 언제 출발했는지를 알아내는 것이지요. 이 센서를 이용하면 출발 신호음이 울리고 선수가 출발하기까지 얼마나 걸렸는지를 1000분의 1초 단위로 알아낼 수 있습니다. 신호음이 울리기도 전에 선수가 출발했다면 당연히 부정 출발로 간주됩니다.

그런데 신호음이 울리고 0.1초 안에 출발해도 부정 출발입니다. 이건 인간의 신체적인 한계 때문입니다. 뇌가 귀를 통해 들어온 소리를 인식하고 근육을 움직이라는 신호를 보내 출발하기까지는 아무리 빨라도 0.1초 이상이 걸립니다. 만약 신호음이 울리고 0.1초도 채 되지 않아서 출발했다면 그건 평범한 인간이 아니라 스파이더맨이나 슈퍼맨 혹은 외계인 같은 존재일 겁니

다. 혹은 신호음이 들리기도 전에 미리 예측하고 출발했을 테지요. 이런 이유로 세계육상연맹은 출발 신호 이후 0.1초 안에 출발하는 경우를 부정 출발로 규정하고 있습니다.

이제 결승선에서 벌어지는 일을 살펴보겠습니다. 결승선에서는 어느 선수가 몇 초 만에 들어왔는지를 0.01초 단위로 측정해야 합니다. 신체부위 중 가슴이 결승선에 들어오는 순간을 기준으로 하는데, 이때 사진 판독 장치를 사용합니다. 여기에 사용되는 카메라는 초당 2,000장의 사진을 찍을 수 있습니다. 2024년 파리 올림픽에서는 초당 4만 장을 찍을 수 있는 '포토피니시' 카메라가 판독에 쓰였지요.

우리가 흔히 보는 영상물과 비교하면 이게 얼마나 대단한지 알 수 있습니다. 극장에서 상영하는 영화는 보통 초당 24장을 보여 줍니다. 보통 24프레임이라고 하는데요. 연속적인 사진을 1초에 24장씩 보여 주면 우리는 부드럽게 움직이는 영상으로 인식합니다. TV 방송은 보통 30프레임으로 제작합니다. 요즘 온라인 게임은 성능에 따라 프레임을 높게 올릴 수 있습니다. 고성능 그래픽카드를 보유한 게이머들은 초당 100프레임이 넘는 화면으로 게임을 하기도 합니다.

달리기 종목에서는 초당 수천 프레임으로 찍은 사진과 각각 기록된 시각을 바탕으로 순위와 기록을 정합니다. 경우에 따라서는 두 선수가 100분의 1초까지 똑같은 기록을 세우기도 합니다. 그럴 때는 1,000분의 1초까지 가려서 승부를 정하지요. 1,000분의 1초까지도 기록이 같아 공동 우승이 나온 사례도 있습니다. 기술이 더 발전한다면, 1만 분의 1초, 10만 분의 1초까지 승부를 가릴 수도 있겠지요. 10만 분의 1초 차이로 진다면 얼마나 안타까울까요?

더 멀리 던지고 싶다면

멀리뛰기 같은 뛰기 종목이나 투포환 같은 던지기 종목은 시간이 아닌 거리를 기록합니다. 얼마나 멀리 뛰었는지, 얼마나 멀리 던졌는지가 승부를 가르는 척도입니다. 얼핏 거리는 시간보다 재기 쉬울 것 같지만, 매번 줄자를 들고 뛰어다니면서 재기란 생각보다 번거롭습니다.

멀리뛰기의 예를 볼까요? 멀리뛰기는 출발점에서 달려오다가 구름판을 딛고 도약해 최대한 멀리 날아가는 종목입니다. 달리기와 도약력, 자세 등 다양한 능력을 갖춰야 좋은 성적을 거둘수 있습니다. 구름판에서 뛰어오른 선수들은 모래밭 위에 착지합니다. 구름판에서 모래밭에 남은 자국 중 구름판에 가장 가까운 곳에서부터의 거리가 선수의 기록이 됩니다. 심판은 줄자를 이용해 거리를 측정하지요.

그런데 과연 흐트러지기 쉬운 모래밭의 자국을 줄자로 재는 게 얼마나 정확할까요? 모래밭에서 놀아 본 경험이 있다면 자국 이란 게 그렇게 선명하지 않다는 걸 알 겁니다. 세계적인 선수들의 멀리뛰기 기록은 남성의 경우 8m를 훌쩍 넘는데 그렇게 긴 줄자를 곧고 팽팽하게 유지하는 것도 쉽지는 않겠지요.

최근에는 멀리뛰기 역시 줄자 대신 비디오 판독을 이용합니다. 카메라 여러 대로 선수가 모래판에 착지하는 순간을 포착하고 영상을 바탕으로 거리를 계산하는 방식입니다. 심판에 따라 달라지는 측정오차를 방지할 수 있고, 매번 거리를 재려고 줄자를 들고 왔다 갔다 할 필요도 없어 빠르고 편리합니다.

던지기 종목 역시 거리를 재지만, 상대적으로 그 거리가 훨씬 깁니다. 원반던지기는 70m, 창던지기 같은 경우는 무려 100m 가까이 날아갑니다. 줄자로 재기도 힘들고 위험하기도 합니다. 거리를 재기 위해 주변에 서 있던 심판이 창에 맞아서 목숨을 잃는 일도 있었거든요. 지금이야 스포츠라고 하지만, 창은 인류 가 오래전부터 쓰던 무기이니 말입니다.

이제는 던지기 종목에서도 첨단 장비를 이용해 거리를 측정 합니다. 투창이나 투포환 등이 떨어진 지점에 특수한 반사 장치를 꽂고 정해진 위치에서 빛을 발사한 뒤 반사되어 돌아오는 빛을 관측하면 거리를 계산할 수 있습니다. 혹은 앞서 테니스장에서 이야기했던 삼각측량법을 이용하는 경우도 있습니다. 덕분에 심판의 안전도 확보하고, 더욱 빠르고 정확한 기록도 얻을 수 있게 되었지요.

이 정도면 거리 측정은 믿을 만하니 선수는 잘 던지기만 하면 됩니다. 어떻게 해야 잘 던질 수 있는지는 오래 훈련해 온 선수 자신이 가장 잘 알 겁니다. 관중 입장인 우리도 이상적인 투척 각도와 같은 몇 가지 이론에는 익숙합니다. 여기에 한 가지 덧붙이자면, 정면으로 던지는 게 유리한데요. 이건 경기장 구조와 관련이 있습니다. 포환던지기와 원반던지기, 해머던지기는 선수가 특정 크기의 원 안에 서서 밖을 향해 던져야 합니다. 최종 기록은 투척물(포환, 원반, 해머)이 떨어진 곳에서 원의 중심까지 직선을 그었을 때 원의 둘레와 만나는 점까지의 거리입니다. 다음 장의 그림으로 보면 더 이해하기 쉬울 거예요.

선수가 A지점에서 X지점으로 투척물을 던졌습니다. 그러면 기록은 A에서 X까지의 거리가 됩니다. 이번엔 A지점에서 Y지점으로 던졌다고 해 보지요. 다음 장의 그림을 보면 A에서 X까지의 거리와 A에서 Y까지의 거리는 같습니다. 하지만 이때 기록은 A에서 Y까지가 아니라 B에서 Y까지의 거리로 측정합니다. 그리

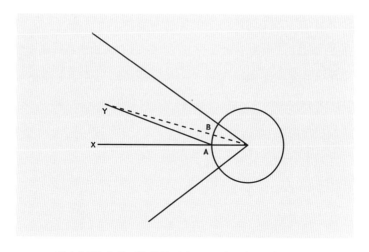

던지기 종목에서는 가능한 한 정면으로 곧게 투척물을 던지는 것이
기록 면에서 손해가 적다.

고 B에서 Y까지의 거리는 A에서 Y까지의 거리보다 짧습니다.
똑같은 거리를 던지고도 기록에서 손해를 보게 되는 겁니다. 그
러니 가능한 한 정면을 향해 던지도록 노력해야겠지요?

이보다 정확할 순 없어! 아날로그의 힘

이제 경기장을 나가 볼까요? 마지막으로 경기장 밖에서 펼쳐지
는 경기를 살펴보겠습니다. 그중에서도 장거리 육상의 최고봉이

자 올림픽의 꽃인 마라톤 경기를 함께 보면서 이야기를 나누겠습니다.

쉬지 않고 42.195km를 달리는 마라톤은 인간의 한계를 시험하는 장거리 달리기입니다. 현재 남자 마라톤 세계신기록은 2시간 35초입니다. 100m 달리기로 환산하면 100m를 약 17초에 뛰는 속력입니다. 이 속력으로 두 시간 가량 뛴다는 것입니다. 감히 엄두가 안 나는 스포츠입니다.

하지만 의외로 마라톤에 도전하는 일반인도 많습니다. 마라톤 풀코스까지는 아니더라도 하프(21.0975km)나 10km 달리기를 즐기는 사람이 상당합니다. 달리기는 힘든 운동이고 이를 극복하고 계속 달리는 게 대단한 일이라고 생각했는데, 달리기 그 자체가 충분히 즐거운 운동일지도 모르겠습니다.

그 근거로 들 수 있는 게 이른바 '러너스 하이'입니다. 러너스 하이는 미국의 심리학자 아놀드 맨델이 처음 사용한 용어로, 달리기를 시작한 지 20~30분이 지나면 갑자기 기분이 상쾌해지는 현상을 말합니다. 오래달리기뿐 아니라 축구처럼 계속해서 달리는 운동에서도 비슷한 느낌을 받을 수 있습니다. 처음에는 호흡이 가쁘고 힘이 들다가도, 어느 순간부터는 '호흡이 터진다'는 느낌과 함께 몸이 가벼워지고 영원히 뛸 수 있을 것 같은 기분이 들곤 하지요. 이런 생리적 현상은 왜 나타날까요? 뇌에서 분비되는 물질이 주 원인으로 추정되지만, 어쩌면 오랫동안 사냥감을 추적하는 행위가 즐거워지도록 진화한 건지도 모르겠군요.

다시 마라톤 이야기로 돌아가지요. 마라톤은 외부 도로에서 펼쳐지는 경기라 코스를 어떻게 구성하느냐가 중요합니다. 현실적으로 대회마다 똑같은 코스를 달릴 수는 없기 때문에 기록의 차이로 이어집니다. 경기를 치르는 도시의 기온, 고도, 도로의 경사 등 여러 가지 요인이 기록에 영향을 끼칩니다. 단, 출발점과 도착점 사이의 고도차가 42m 이상이면 안 되고, 출발점과 도착점 사이의 직선거리가 전체 길이의 50%, 즉 21km 이내여야 한다는 규정이 있습니다.

아무래도 가장 중요한 건 42.195km를 재는 겁니다. 어디서부터 어디까지 달려야 42.195km가 될지 정확하게 측정해야 하지요. 처음부터 마라톤 경기를 하려고 만든 트랙이 아니라 일반 도로이기 때문에 거리를 재서 출발선과 결승선의 위치를 정해야 합니다. 지도나 GPS를 이용할 수도 있지만 오차가 커서 사람이 직접 재야 하는데요. 그렇다고 줄자를 가지고 42.195km를 걸어다닐 수는 없으니 묘안이 필요합니다.

공식 마라톤 코스는 자격증이 있는 전문가가 '존스 카운터'라고 하는 측정 장치가 달린 자전거를 타고 다니며 측정합니다. 존스 카운터는 자전거 앞바퀴에 연결된 톱니바퀴입니다. 자전거가 일정한 거리를 움직이면 톱니바퀴가 한 바퀴 돌아가며 회전수가 올라갑니다.

타는 사람의 체중이나 바퀴의 공기압 같은 요인에 따라 존스 카운터의 측정 결과가 조금씩 달라지므로 먼저 길이를 알고 있는 직선코스를 여러 번 왕복해 존스 카운터가 얼마나 변하는지를 파악합니다. 그리고 나서 그 결과를 이용해 전체 코스의 거리를 잽니다. 둘 이상의 전문가가 함께 측정한 뒤 결과를 비교해서 일관성이 있으면 정식 코스로 인정받을 수 있습니다.

존스 카운터는 1971년에 개발된 장치이지만, 정밀도가 높아서 지금까지도 도로 경기 코스를 측정하는 데 쓰이고 있습니다. 오차 수준이 1,000분의 1 이하라고 하니 믿을 만하지요? 지금까지 여러 종목의 첨단 경기장 시설을 소개했는데, 이곳에서만큼은 오래된 아날로그 장비가 아직도 활약하고 있습니다. 새것이 오래된 것을 대체하지 못하는 경우도 분명히 있긴 있나 봅니다.

쿵쿵. 어디선가 시원한 물 냄새가 나는 것 같지 않나요? 물 냄새는 왠지 사람을 기분 좋게 하지요. 그게 비록 수영장 물 일지라도 말입니다. 저도 모르게 이곳이 어디인지 말을 해 버리고 말았군요. 지금 제가 서 있는 이곳은 바로 인간 물고 기들이 물살을 가르며 실력을 겨루는 수영장입니다.

인간은 육상동물로 물속에서는 생존하지 못합니다. 그럼 에도 수중 활동을 즐기고 그에 필요한 다양한 기술을 갈고닦 아 왔습니다. 과연 어떤 매력이 1분도 숨을 참기 어려운 우리 인간을 물로 끌어들였을까요? 그리고 그저 커다란 수조에 물을 담아 놓기만 한 것처럼 보이는 수영장에는 어떤 과학기 술이 숨어 있을까요?

우리는 어쩌다 헤엄치게 되었을까?

물놀이는 사람들 대부분이 좋아합니다. 우리가 육상동물이라는 사실이 무색할 정도로 아주 어린아이도 물놀이를 좋아합니다. 물은 보기만 해도 기분이 좋아지거나 마음이 안정되는 성질을 가지고 있는 듯합니다. 삶에 지치고 힘들어지면 가끔 바다를 보고 싶다는 충동이 들 때가 있지요. 그래서인지 과거 인류가 진화할 때 땅보다 물에서 더 많은 시간을 보냈다는 수생 유인원 이론도 있답니다.

수영은 육상처럼 원초적인 스포츠입니다. 아주 오래전부터 사냥이나 생존을 위한 능력으로 발전했습니다. 물속에 들어가 물고기를 잡거나 반대로 무서운 포식자를 피해 물속으로 뛰어들던 게 시작이 아니었을까요? 장거리 이동을 하려고 불가피하게 강을 건너야 했을지도 모르겠네요. 어쩌면 위생을 위해 몸을 씻는 행위가 즐거운 놀이로 발전했을려나요.

하지만 중세까지만 해도 보수적인 사회 분위기 때문에 수영이 대중적인 스포츠가 되기 힘들었습니다. 아무래도 수영을 하려면 옷을 벗어야 하니까요. 여기서 자유로운 건 아마 어린아이들이 아니었을까 싶습니다. 16세기 유럽에서는 수영 기술에 관한 책이 나왔는데, 이것도 익사를 방지한다는 것이 주된 목적이

이집트 남서부 사하라 사막의 동굴 벽화에서 평영과 유사한 수영 동작이 발견된다.

었습니다.

　승부를 가리는 수영 대회가 열리기 시작한 건 19세기 영국에서였습니다. 1800년대 초부터 런던을 중심으로 실내 수영장이 등장했고, 정기적으로 수영 대회가 열렸습니다. 수영은 1896년 최초의 근대 올림픽이 열렸을 때부터 정식 종목으로 채택되었습니다. 처음에는 네 개의 세부 종목이 있었고, 이후 점차 늘어나며 오늘날에는 모두 34개의 세부 종목을 겨루고 있습니다. 올림픽에서 육상 다음으로 메달이 많이 걸려 있는 부문이 바로 수영이지요.

초창기 수영 대회 때는 자유형에서 거의 모든 선수가 평영을 사용했습니다. 평영은 고대 이집트의 벽화에도 나올 정도로 역사가 깊은 영법입니다. 19세기에는 아메리카 인디언이 두 팔을 번갈아 휘저으며 발을 구르는 영법을 유럽에 소개했습니다. 이 영법은 평영보다 훨씬 빨라 주목을 받았습니다. 이 영법이 발전한 것이 오늘날 자유형 경기에서 거의 모든 선수가 사용하는 크롤 영법입니다.

수영이 현대화하면서 영법에 관한 연구도 많이 이루어졌습니다. 20세기에 들어서 수중카메라와 같은 장치를 이용해 더 빠르게 헤엄칠 수 있는 동작을 찾기 시작했지요. 그러면서 평영, 배영, 크롤 영법 등의 기록이 꾸준히 좋아졌습니다. 느리다는 평영의 한계를 개선하려는 과정에서 접영이라는 새로운 영법도 탄생했고요. 그와 함께 대중화도 이루어져 이제 수영은 세계적으로 수많은 사람이 즐기는 스포츠가 되었습니다.

무게중심 vs 부력중심

시원한 물을 보니 저도 뛰어들고 싶은 충동이 드는군요. 경기에 앞서 선수들이 몸을 풀고 있습니다. 어떤 선수는 배영으로 유유

히 물살을 가르며 몸을 풀고, 어떤 선수는 크롤 영법으로 빠르게 나아가고 있습니다. 화려한 접영을 펼쳐 보이는 선수도 있군요. 아, 저쪽을 보십시오. 높은 곳에 있는 보드에서 물속으로 다이빙하는 선수도 보입니다. 다른 한쪽에서는 핸드볼처럼 공을 던져 골대에 집어넣으려는 선수들도 있네요. 마치 물고기처럼 자유롭게 물속을 누비는 선수들을 보니 제 엉성한 동작이 부끄러워서 차마 같이 수영하지는 못할 것 같습니다.

방금 보았다시피, 이곳 수영장에서는 여러 가지 종목의 경기가 펼쳐집니다. 올림픽에서는 이렇게 물에서 치르는 경기를 수상 부문이라고 합니다. 우리가 흔히 수영이라고 부르는, 다양한 영법으로 빠르기를 겨루는 종목은 경영입니다. 여기에 다이빙, 아티스틱 스위밍, 수구 같은 종목이 더 있습니다.

안타깝게도, 육상과 마찬가지로 우리나라는 세계적인 수영 강국이 아닙니다. 2024년 파리 올림픽에서 김우민 선수가 자유형 400m 동메달을 목에 걸면서 한국 수영이 12년 만에 올림픽 메달을 땄지만, 그 전에 획득한 올림픽 메달은 네 개가 전부였지요. 모두 박태환 선수 한 명이 이룬 것이고요. 그래도 계속해서 새로운 기대주가 나타나고 있으니 또다시 좋은 결과를 얻으리라고 생각합니다.

경기에 앞서 연습하는 선수들의 모습을 지켜보니 가장 기본

적인 의문이 떠오릅니다. 도대체 선수들은 어떻게 물에 잘 뜨는 걸까요? 저는 첨벙거리다가 물만 먹기 일쑤인데 말입니다. 선수들의 몸은 가벼워서 그런 걸까요?

수영 선수라고 해서 특별히 물에 잘 뜨는 건 아닙니다. 사람의 몸은 물보다 비중이 조금 낮습니다. 같은 부피의 물보다 조금 가볍다는 뜻입니다. 어떤 사람의 몸과 부피가 같은 물의 무게를 1이라고 하면, 그 사람의 몸무게는 0.96 정도가 됩니다. 폐 속에 공기가 많을수록 비중이 낮아지는데, 숨을 모두 뱉으면 비중이 1을 약간 넘어 물속에 가라앉게 됩니다. 즉 사람은 웬만하면 모두 물에서 뜹니다. 그렇다면 도대체 왜 사람이 물에 빠지면 죽는 건지 의문이 듭니다.

물속의 물체가 떠오르게 하는 힘을 부력이라고 합니다. 부력은 물에 잠긴 부분과 똑같은 부피의 물이 밀어내는 힘과 같습니다. 어떤 물체를 물에 넣으면 물체의 무게와 물체가 받는 부력이 평형을 이루는 깊이까지만 가라앉습니다. 비중이 물보다 매우 작은 스티로폼은 대부분이 물 밖에 떠 있게 되지요. 그러나 비중이 0.96 정도인 사람은 신체의 일부분만 물 위로 나옵니다. 사람이 물에 뜨는 양상은 각자의 체형이나 체성분에 따라 다른데요. 물 위로 떠오르는 부위가 코나 입이 아니라면 우리는 숨을 쉴 수 없습니다. 게다가 물에 빠지면 당황해서 허우적거리다가 힘이 빠지고 물을 먹게 되지요.

물에 빠진 사람의 무게중심과 부력중심은 보통 다른 곳에 있습니다. 부력중심은 가슴 부근에, 무게중심은 배꼽 부근에 있지요. 따라서 이 둘이 수직으로 정렬할 때까지 몸은 회전합니다. 이때 움직이지 않으면 곧 균형이 맞은 상태로 둥둥 떠다닐 수 있습니다.

수영 선수들은 어린 시절부터 자신의 몸이 물에 어떻게 뜨는지를 알고 그에 맞는 영법을 익힙니다. 성장하면서 체형이 달라지면 다시 그에 적응할 수 있도록 훈련해야 하지요. 무게중심과 부력중심이 일치하는 체형이라면 수평으로 떠 있을 수 있으므로 수영하기 유리합니다. 신체 대부분이 물에 잠겨 있을 때보다 저항을 덜 받기 때문입니다. 가령 미국의 전설적인 수영 선수 마이클 펠프스는 키가 193cm나 되는 장신에 양팔을 좌우로 뻗었을 때의 길이도 2m가 넘었지만, 다리는 유독 짧았습니다. 덕분에 무게중심이 부력중심에 가까웠지요.

수영장 규격에 기록의 비밀이 있다

이제 본격적으로 경기장을 살펴보겠습니다. 언뜻 보면 수영장은

대단할 게 없어 보입니다. 규격에 맞게 네모난 구덩이를 파 놓고 물을 채운 게 다입니다. 하지만 실제로는 그렇지 않습니다. 수영장도 선수들의 기록에 큰 영향을 미치기 때문에 이곳을 설계할 때도 여러 가지를 고려해야 했답니다.

먼저 배영, 평영, 접영, 자유형 등의 경영 경기가 펼쳐지는 수영장을 볼까요? 각각의 영법으로 정해진 거리를 헤엄치며 기록으로 순위를 정하는 종목이지요. 배영은 누운 자세로 천장을 보며 헤엄치는 영법이고, 평영은 개구리처럼 두 팔과 두 다리를 오므렸다 폈다 하면서 나아가는 영법입니다. 접영은 두 팔을 동시에 앞으로 뻗었다가 뒤로 밀어내는 영법인데, 나비의 날갯짓을 닮았다 하여 나비 접(蝶) 자를 씁니다. 영어로는 버터플라이라고 부릅니다. 수영을 배우러 간 초보는 으레 접영을 배워 멋지게 헤엄치는 꿈을 꾸곤 하지요.

자유형은 특정 영법을 가리키는 게 아니라 말 그대로 자유롭게 헤엄치는 종목입니다. 배영이나 평영을 해도 괜찮고, 이른바 개헤엄을 쳐도 상관없습니다. 이기고 싶지 않다면 말이지요. 어떤 영법이든 상관없지만 승리를 원한다면 가장 빠른 영법으로 헤엄쳐야 합니다. 가장 빠른 영법은 두 팔을 번갈이 돌리며 헤엄치는 크롤 영법입니다. 자유형 경기에 출전하는 선수들은 거의 모두 크롤 영법을 사용합니다. 그래서 크롤 영법을 자유형으로 잘못 알고 있는 경우도 있습니다.

올림픽을 비롯한 국제 대회를 치를 수 있는 수영장의 규격은 길이 50m, 폭 25m, 깊이 최소 2m(권장 3m)입니다. 선수가 자리 잡고 헤엄치는 레인은 모두 열 개입니다. 한 레인의 폭이 약 2.5m라는 뜻이지요. 이렇게 길이가 50m인 수영장을 롱코스(long course)라고 부릅니다. 우리가 흔히 볼 수 있는 수영장은 대개 25m로, 숏코스(short course)라고 합니다.

육상과 마찬가지로 경영도 수영장의 규격에 따라 기록이 달라질 수 있습니다. 예를 들어, 100m 자유형 경기를 한다고 할 때 롱코스 수영장에서는 한 번만 턴을 해서 돌아오면 됩니다. 하지만 숏코스 수영장에서는 세 번 턴을 해야 합니다. 턴을 많이 할수록 당연히 기록이 나빠집니다. 길이뿐만 아니라 레인의 수나 깊이도 영향을 끼칩니다. 왜 그럴까요? 목적지를 향해 헤엄치는 수영 선수를 방해하는 것은 물의 저항입니다. 물의 저항을 줄이기 위해 수영 선수는 온갖 방법을 씁니다. 온몸의 털을 밀어버리거나 전신 수영복을 입기도 합니다.

특히 물의 저항이 매우 적은 폴리우레탄 소재로 만든 전신 수영복은 눈에 띄는 기록 향상을 가져왔습니다. 2000년대 후반 너도나도 전신 수영복을 입으면서 세계신기록이 쏟아지자 전신 수영복은 '기술 도핑'이라는 말까지 나왔지요. 결국 세계수영연

맹은 2010년부터 폴리우레탄으로 만든 전신 수영복 착용을 전면 금지했습니다. 남자는 허리에서 무릎까지, 여자는 어깨부터 무릎까지만 덮는 수영복을 입도록 규정했고, 수영복의 소재를 직물로 제한했습니다.

물의 저항은 수영장의 구조와도 관련이 있습니다. 물은 끊임없이 움직이고 어딘가에 부딪쳐 되돌아옵니다. 다른 선수가 일으킨 물살도 방해가 됩니다. 혹시 올림픽 규격의 수영장에 레인이 열 개인 것을 보고 이상하다고 생각한 적이 있나요? 경기에 출전하는 선수는 여덟 명인데 말입니다.

흔히 경영에서는 가운데의 4~5레인에서 경기하는 게 가장 유리하다고 합니다. 육상처럼 예선 성적이 좋은 선수를 배정하기 때문에 우승권 선수들이 상대를 보며 페이스를 조절할 수 있습니다. 이렇게 가운데 레인의 선수들이 앞서 나가며 물살을 양옆으로 보내면 해당 레인의 선수들은 물의 저항으로 어려움을 겪습니다. 자신이 일으킨 물살도 수영장 벽에 반사되어 돌아오는 가장자리 레인은 제일 불리합니다.

이런 불공정함을 해소하고 물의 저항을 줄이기 위해 2008년 베이징 올림픽부터는 기존의 8레인 양쪽에 빈 레인을 하나씩 둔 10레인 수영장을 사용하기 시작했습니다. 이것이 바로 10레인 수영장에서 여덟 명이 경기하는 이유입니다.

2024년 파리 올림픽이 열린 수영 센터.
출발대를 열 개씩 배치했으나 양 끝의 레인은 사용하지 않았다.

물의 깊이도 3m로 깊어졌습니다. 전체적으로 물의 양이 늘어나 선수들이 물살을 일으켜도 잘 분산되어 상대적으로 더 잔잔합니다. 이 외에도 수영장에는 물의 저항을 낮추기 위한 여러 가지 장치가 있습니다. 수영장 가장자리는 밀려온 물이 되돌아가지 않고 그대로 배수구로 빠져나가도록 설계합니다. 가장자리 벽을 요철 모양으로 만들어 물의 반사를 최소화하기도 하지요. 레인을 구분하는 코스로프도 표면의 잔파도를 잘 흡수하는 구조와 소재로 만듭니다.

제가 지금 소개하고 있는 이 수영장 역시 앞서 말한 모든 점을 고려했습니다. 최적의 물 온도와 기온, 습도를 자동으로 유지

하는 것은 물론이고요. 최고의 선수가 최고의 기량을 마음껏 펼칠 수 있는 이곳에서 앞으로 어떤 기록이 탄생할지 몹시 기대되는군요.

찰나의 예술, 다이빙

이제 옆을 보면 규격이 다른 수영장이 있습니다. 높은 곳에 설치해 놓은 발판을 보면 짐작이 갈 텐데요. 다이빙 경기를 치르는 수영장입니다. 다이빙은 수영과 달리 일반인이 접하기 쉽지 않습니다. 보통 수영장에 가면 '다이빙 금지'라는 푯말이 큼지막하게 붙어 있곤 하지요. 재미있을 것 같은데 왜 못 하게 하냐고 볼멘소리를 할 수도 있지만, 그런 데는 다 이유가 있답니다. 그 이유는 잠시 후에 이야기하겠습니다.

올림픽에서 다이빙은 8종목이 있습니다. 3m 스프링보드와 3m 스프링보드 싱크로나이즈드, 10m 플랫폼, 10m 플랫폼 싱크로나이즈드가 각각 남녀 부문으로 나뉘어 경기를 치릅니다. 여기서 스프링보드는 휘어지는 발판이고, 플랫폼은 고정된 발판을 뜻합니다. 싱크로나이즈드는 두 사람이 동시에 다이빙하는 종목입니다. 다이빙은 심사위원이 매기는 점수로 승부를 내는데, 심사는 동작의 난이도와 아름다움, 입수 기술 등의 기준에 따라 이루어집니다. 다이빙에서 높은 점수를 얻으려면 입수할 때 물이 적게 튀어야 합니다. 몸을 수직으로 곧게 세우고 손끝부터 쏙 하고 들어가야 하지요. 물에 닿기까지 걸리는 단 몇 초 동안에 일어나는 일입니다. 그래서 다이빙을 흔히 '2초의 예술', '찰나의 예술'이라고 부르지요.

사실 다이빙은 위험한 동작입니다. 10m 높이에서 뛰어내린 사람이 수면에 떨어질 때의 속도가 얼마쯤일지는 간단히 계산해 볼 수 있습니다. 자유낙하하는 물체가 떨어지는 거리는 $\frac{1}{2}gt^2$입니다. 지구의 중력가속도 g는 10m/s²라고 가정하겠습니다. 자유낙하하는 물체의 속력이 1초에 10m/s씩 빨라진다는 뜻입니다. 10m 떨어지는 데 걸리는 시간 t는 약 1.4초입니다. 실제로는 스프링보드에서 살짝 위로 뛰어올랐다가 떨어지니까 이보다 조금 더 걸리겠지요. 수면에 닿을 때의 속도는 g×t입니다. 결과는 약 14m/s, 시속 50km가 넘습니다. 아무리 물속으로 떨어진다고 해도 충격이 클 수밖에 없겠지요?

그래서 다이빙 경기를 치르는 수영장은 깊이가 5m 이상이어야 합니다. 시속 50km 이상으로 매끄럽게 입수한 선수는 아무리 물의 저항을 받아도 꽤 깊은 곳까지 들어가게 됩니다. 이때 바닥에 부딪히면 다칠 수 있으므로 충분히 깊게 만들어 주어야 합니

다. 일반 수영장에서 다이빙하면 안 되는 이유를 아시겠지요? 아무리 낮은 곳에서 물속으로 뛰어든다고 해도 깊이가 2m도 되지 않는다면 다이빙을 시도하는 건 사고를 자초하는 행위입니다.

첫째도 위생, 둘째도 위생

마지막으로 수영장에서 매우 중요한 시설 한 가지를 소개하겠습니다. 바로 위생을 위한 시설입니다. 선수들은 오랫동안 물속에 몸을 담그고 있어야 하며, 물을 조금씩 먹게 될 수도 있습니다. 만약 물이 오염되어 있다면 선수들의 건강에 좋지 않겠지요. 대회 중에 병에 걸리기라도 한다면 얼마나 곤란하겠습니까? 실제로 올림픽을 치르는 동안에도 수영장의 수질 문제가 발생한 사례가 있습니다.

수질 관리에는 여과와 소독이 기본입니다. 필터를 이용해 이물질을 걸러내고 약품 처리로 세균을 없애는 겁니다. 염소를 이용해 물속의 세균을 없앨 수 있다는 사실은 많이들 알고 있을 겁니다. 염소 기체를 물에 녹이면 차아염소산이라는 살균 효과가 있는 물질이 생깁니다. 우리가 사용하는 수돗물도 염소로 소독 처리를 한 것이지요.

요즘에는 친환경 해수풀이라고 해서 천연 해수를 사용해 소독한다는 수영장도 흔히 보입니다. 해수풀 역시 기본 원리는 같습니다. 해수, 즉 바닷물에는 염화나트륨이 녹아 있습니다. 이 물을 전기분해 하면 염소 기체가 발생합니다. 이 염소 기체 일부는 물에 녹아서 차아염소산이 되지요. 결국 염소를 따로 넣어 주느냐, 전기분해로 만드느냐의 차이입니다.

수영장 내부 청소도 중요한데요. 요즘에는 로봇을 많이 이용합니다. 2024년 파리 올림픽에서도 로봇 청소기가 활약했습니다. 로봇 청소기는 수영장 물속에 들어가 돌아다니며 이물질을 걸러내고 바닥과 벽을 청소합니다. 로봇이 아니라면 수영장을 청소하는 게 쉽지 않았을 겁니다.

게다가 오늘날 첨단 수영장은 자동으로 수영장 환경을 조절해 줍니다. 기온과 습도, 수온, 수질을 모니터링하며 자동으로 관리할 수 있습니다. 수영장 청소처럼 몸으로 해야 하는 일도 로봇이 대신해 주고 있지요. 요즘에는 안전 관리에 인공지능을 활용하기도 합니다. 수영하는 사람들의 움직임을 파악해 만약 이상 징후가 포착되면 경보를 울리는 겁니다.

제가 설계한 이 수영장도 여러 첨단 기술을 총동원했습니다. 쾌적하고 안전하고 가장 빠르게 헤엄칠 수 있는 최고의 수영장이지요. 물속에서 인간의 한계를 극복하려면 물속과 물 밖이 모

두 최상의 환경을 유지해야 합니다. 평상시에는 일반 이용객도 즐겁고 안전하게 이용할 수 있어야겠지요. 미래에는 수영장 전체를 인공지능과 로봇이 관리하게 되지 않을까요? 우리는 마음 놓고 수영만 즐기면 될 겁니다.

7장 펜싱

판정 시비를 잠재우는
듬직한 전자 장비

"할 수 있다. 할 수 있다." 2016년 리우데자네이루 올림픽 펜싱 에페 종목에서 결승전을 치르던 대한민국의 박상영 선수는 9 대 13으로 상대에게 뒤져 있었습니다. 단 두 점만 내주면 경기에서 지는 상황이었지요. 잠시 쉬는 시간에 박상영 선수는 혼잣말로 계속 "할 수 있다."라고 중얼거렸습니다. 그리고 그 말을 증명하듯 15 대 14로 짜릿한 역전승을 거두었습니다.

저분만 아니라 대한민국 국민 모두가 감동한 경기였지요. 이번에 소개할 경기장이 바로 펜싱 경기장입니다. 펜싱은 살상 무기인 칼을 쓴다는 점에서는 치명적이지만, 의외로 우아하고 지적인 스포츠입니다. 그리고 그 경기장 안에는 우리 눈에 잘 보이지 않는 기술이 숨어 있답니다.

가지각색 펜싱의 종류를 알아보자

무기를 들고 싸우는 행위는 선사시대부터 있었습니다. 구석기 시대 사람들도 돌이나 몽둥이, 도끼 등을 가지고 싸움을 했지요. 날카로운 금속으로 만든 칼을 사용한 건 청동기시대부터였습니다. 그 뒤로 지역과 문화에 따라 다양한 칼과 검술이 발전했습니다. 현대전에서는 칼을 가지고 싸우는 일이 드뭅니다. 전투 용도의 검술은 이미 수명이 다했다고 봐도 될 겁니다.

오늘날의 펜싱은 유럽의 호신용 검술을 현대화해 스포츠화한 종목입니다. 18세기 중반부터 전투 훈련에서 점점 스포츠에 가까워지기 시작했고, 시간이 흐르며 마침내 완전한 스포츠로 정착했습니다. 19세기 말에는 규정에 따른 최초의 펜싱 대회가 열렸습니다. 1896년 열린 최초의 근대 올림픽에도 정식 종목으로 채택되었습니다.

펜싱은 세 가지 세부 종목으로 나뉩니다. 먼저, 플뢰레는 펜싱 종목 중에서 가장 저변이 넓습니다. 현대 펜싱의 기초라 할 수 있어 입문자가 가장 많이 선택하는 종목이기도 합니다. 플뢰레에 쓰는 칼은 총 길이 110cm로, 칼날 부분은 90cm입니다. 무게는 0.5kg입니다. 칼날의 단면은 사각형으로, 칼은 유연하게 구부러집니다. 플뢰레에서는 몸통과 사타구니가 유효 공격 범위입니다. 이 부분을 칼끝으로 찌르면 점수를 얻을 수 있지요.

에페는 머리를 포함한 전신을 공격할 수 있습니다. 에페용 칼은 플뢰레용 칼과 길이가 같지만, 무게가 0.77kg으로 더 무겁습니다. 단면은 삼각형에 가까운 y자로 펜싱 칼 중에서 가장 단단합니다. 몸의 어느 부위를 찔려도 실점하기 때문에 에페 경기는 플뢰레보다 신중하고 느리게 이루어집니다.

사브르는 팔과 머리를 포함한 상체가 공격 대상입니다. 세 종목 중에서 가장 길이가 짧고 유연한 칼을 사용합니다. 또, 중요한 차이 하나는 칼끝으로 찔러야만 점수를 얻는 플뢰레, 에페와 달리 칼날로 베는 것도 유효하다는 점입니다. 칼날로 베는 건 찌르기만큼 정교하지 않아도 되기 때문에 사브르는 가장 공격적이고 빠르게 경기가 이루어집니다.

펜싱 경기를 볼 때 알아야 할 중요한 규정 하나는 바로 우선권입니다. 플뢰레와 사브르에는 우선권이 있고, 에페에는 없습니다. 우선권은 경기가 시작한 뒤 먼저 칼을 들거나 팔을 뻗는 등의 동작으로 공격 의사를 보인 선수가 갖습니다. 우선권이 있는 선수의 공격이 실패하거나 공격을 멈추는 경우 우선권은 사라집니다. 이때는 다시 먼저 공격 태세를 취하는 선수가 우선권을 가져갑니다.

우선권은 두 선수가 상대를 적중시켰을 때 판정에 활용하기 위해 있는 규정입니다. 동시에 찌르거나 뻤을 때 우선권이 있는 선수가 점수를 얻는 것이지요. 우선권이 없는 에페에서는 동시 타격일 경우 양쪽의 득점을 모두 인정합니다. 2016년 리우데자네이루 올림픽 때 박상영 선수의 역전승이 더욱 대단한 이유입니다. 그 경기는 에페 종목이었거든요. 박상영 선수는 10 대 14로 뒤지고 있던 상황에서 단 한 번의 동시타도 허용하지 않으면서 내리 5점을 따내는 데 성공했습니다.

눈보다 빠르고 정확한 전자 심판

말로 하니 쉬워 보이지만, 펜싱에서 동시타 혹은 누가 먼저 찔렀는지를 알아내는 게 결코 쉬운 일은 아닙니다. 펜싱 경기는 매우 빠르게 이루어집니다. 사실 눈으로 보아서는 누가 공격에 성공했는지 알아내기가 지극히 어렵습니다. 관중의 눈에는 번개처럼 공방이 오간 뒤 누군가 한 손을 들어 올리며 환호하는 모습만 보입니다. TV에서 느린 화면으로 다시 보여 줘야 누가 어떻게 공격했고 상대가 어떻게 방어했는지, 어떻게 득점했는지 알 수 있지요. 따라서 두 선수가 동시에 칼로 찔렀을 때 누가 먼저 찔렀는지를 육안으로 알아내는 건 불가능에 가깝습니다.

옛날이라면 칼에 찔린 쪽이 피를 흘렸을 테고 둘 중 더 많이 다친 사람이 패자가 되었겠지만, 그건 상상만 해도 너무 살벌합니다. 지금이 그런 시대가 아니라는 데 감사해야겠습니다. 펜싱이 스포츠가 되고 난 뒤에는 피를 흘리지 않고도 공정하게 판정할 방법이 필요했는데요. 초창기에는 선수의 양심에 의존해야 했습니다. 칼에 맞은 선수가 스스로 맞았다고 인정하는 방식이었지요. 심판도 있긴 했습니다. 당연한 이야기지만, 이런 방식에는 공정성 문제가 있었습니다. 심판이 보는 데는 한계가 있었고, 선수는 거짓말을 할 수 있었거든요.

사람의 눈보다 빠르고 사람처럼 거짓말을 하지 않는 심판은 19세기 말에 이미 등장했습니다. 한창 활용도를 넓혀 가고 있던 전기를 이용한 장치였습니다. 칼끝에 스위치가 달려 있어서 칼끝이 상대방을 찌르면 그 신호가 전기회로로 이어져 종이 울리도록 만들어졌지요. 그러나 이런 장치가 정식으로 펜싱에 도입되기까지는 오랜 시간이 걸렸습니다. 1936년 베를린 올림픽에서 처음으로 에페 종목에 전자 판정기가 쓰였으니까요.

에페에 가장 먼저 전자 판정기를 도입한 건 경기 규칙을 생각하면 당연한 일입니다. 아까 에페는 상대방의 몸 어디를 찔러도 유효한 공격이라고 했던 것 기억하지요? 어느 곳을 찔렀는지 구분할 필요가 없으니 비교적 간단한 전자 장치로도 판정이 가능했습니다. 이와 달리 몸통과 사타구니를 찔렀을 때만 점수를 얻는 플뢰레는 1956년에 전자 장치를 도입했습니다. 사브르는 1988년에 이르러서야 전자 판정기를 도입했고, 올림픽에서는 그보다 더 늦게 사용되었습니다. 찌르기뿐만 아니라 베기도 인정되는 규정 때문에 전자 판정기 개발이 어려웠던 겁니다.

오늘날에는 전자 판정기와 비디오 판독을 이용해 심판이 판정을 내립니다. 전자 판정기가 있어도 심판의 역할은 중요합니다. 플뢰레와 사브르의 경우 심판은 시시각각 누구에게 우선권이 있는지를 판단해야 합니다. 그에 따라 승패의 향방이 갈릴 수 있지요. 얼핏 보기에는 전자 판정기로 정확하게 판정을 내릴 수 있을 것 같지만, 사실 심판의 영향력은 여전히 큽니다.

장비와 경기장의 혼연일체

아직 경기장 이야기는 꺼내지도 못했군요. 펜싱 경기장에 관한 이야기를 하려면 지금까지 설명한 배경지식이 필요해서였습니다. 펜싱 경기장은 전자 판정기와 일체로 연결되어 있기 때문입니다. 테니스나 육상 경기장의 판정용 카메라나 수영장의 터치 패널과도 조금 다릅니다. 펜싱의 경우에는 선수의 장비와 경기장, 판정기가 하나의 시스템을 이루고 있습니다.

전자 장치 도입이 가장 쉬웠던 에페부터 살펴보겠습니다. 에페용 칼날 안에는 전선 두 개가 들어 있습니다. 칼끝에는 두 전선을 잇는 스위치가 있습니다. 이 스위치는 750g 이상의 힘을 가하면 눌리게 만들어졌습니다. 평소에는 회로가 열려 있다가, 즉 두 전선이 떨어져 있다가 칼이 어딘가에 적중해 스위치가 눌리면 두 전선이 연결되면서 득점 신호가 발생합니다. 별로 어렵지 않아 보이지요?

그런데 칼끝이 다른 곳을 찔렀을 때가 문제입니다. 상대방의 칼 가드(보호대)나 바닥을 찔렀을 때도 득점 신호가 날 테니까요. 그럴 경우에 대비해 칼 가드에 또 다른 전선을 넣어서 바닥과 이어지게 해 줍니다. 만약 칼끝이 상대방의 가드를 찌른다면, 전류가 다른 전선을 타고 흘러나가 득점 신호가 발생하지 않습니다. 바닥을 찔렀을 때도 마찬가지입니다. 펜싱 경기장의 바닥은 피스트라고 불리는데, 보통 전기를 통하는 물질로 만듭니다. 칼끝이 바닥을 찔렀을 때도 전류가 그쪽으로 흘러 나가 득점 신호가 발생하지 않습니다.

다음으로 플뢰레는 에페와 달리 상대방의 몸통과 사타구니를 찔렀을 때만 점수를 얻을 수 있습니다. 이 판정을 위해 플뢰레 선수는 '라메'라고 부르는 전도성 물질로 만든 조끼를 입어야 합니다. 라메를 찔렀을 때만 유효타로 인정받지요.

플뢰레용 칼에도 스위치가 있는데요. 500g 이상의 힘으로 접촉하면 스위치가 눌립니다. 에페보다는 좀 더 가볍게 찔러도 되겠지요. 플뢰레의 경우에는 평소에 회로가 닫혀 있습니다. 전기가 계속 통하고 있다는 뜻입니다. 칼끝이 상대방의 라메를 찌르면 스위치가 눌리고 회로가 끊어집니다. 전류는 칼에서 상대방의 라메를 통해 바깥으로 흘러 나가며 새로운 회로를 구성하는데, 이 회로가 득점 신호를 일으킵니다. 칼끝이 라메 이외의 부위를 찌르면 회로가 끊어지면서 무효타 신호를 일으킵니다. 칼끝이 상대방의 가드나 바닥을 찔렀을 때는 바닥 쪽으로 전류가 흐르면서 아무 신호도 나지 않게 됩니다.

사브르는 플뢰레와 비슷합니다. 사브르 경기 때 선수는 전도성 라메를 입습니다. 다만 공격의 유효 범위가 다르기 때문에 라메에도 차이가 있습니다. 사브르용 라메는 몸통만이 아니라 팔까지 덮습니다. 마스크 역시 전기가 통해야 합니다. 사브르용 칼에는 내부에 칼끝까지 이어지는 전선이 없습니다. 그 대신 칼날에 항상 전류가 흐르고 있습니다. 칼날이 상대의 라메에 닿으면 칼날에서 상대의 라메로 흐르면서 새로운 회로가 형성되고, 득점 신호가 발생합니다. 라메 이외의 부위를 찔렀을 때는 회로가 끊기지도, 새로운 회로가 생기지도 않으므로 아무 신호가 발생

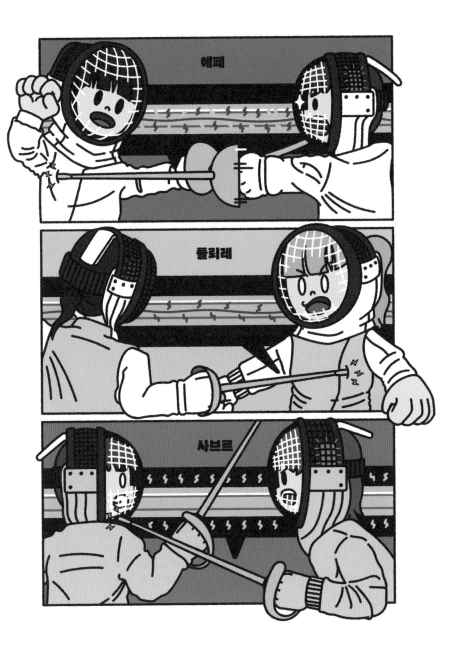

하지 않습니다. 라메 이외의 부위를 찌르면 무효타 신호가 나는 플뢰레와 다르지요. 따라서 무효타가 발생했을 때 플뢰레는 경기를 멈추지만 사브르는 그대로 진행한다는 차이가 있습니다.

이렇듯 펜싱의 전자 판정기는 칼과 옷, 바닥까지 모두 엮인 시스템이라고 할 수 있습니다. 펜싱 경기에서 선수들의 등 뒤에 줄이 달린 것을 본 적이 있을 겁니다. 그 줄은 '앙롤뢰르(enrouleur)'라고 불리며, 선수들의 장비와 판정기를 연결하는 역할을 합니다. 앙롤뢰르는 선수들이 좁고 긴 피스트를 재빠르게 앞뒤로 오갈 때마다 풀렸다 감겼다 하도록 되어 있습니다.

그렇다고 해도 선수들의 동작이 방해를 받는 건 사실입니다. 등 뒤에서 줄이 잡아당기고 있는 상황은 불편할 수밖에 없지요. 그래서 요즘에는 줄이 없는 무선 시스템을 적용하고 있습니다. 최근 올림픽 펜싱 경기에서는 선수들이 줄 대신 등에 조그마한 상자 같은 것을 매단 모습을 볼 수 있습니다. 이 장치가 무선으로 전자 판정기와 이어집니다.

펜싱복은 어떻게 만들까?

펜싱 경기에서 잘 휘어지는 칼을 보며 만만하게 여기는 사람이 있습니다. 하지만 아무리 약해 보인다고 해도 강철로 만든 칼입니다. 사람을 찌르거나 때리면 치명상을 입힐 수 있지요. 날카로운 날 없이도 과일 따위는 손쉽게 베어 버립니다. 실제로 1982년 세계펜싱선수권 대회에서 올림픽 금메달리스트인 블라디미르 스미르노프가 사고로 목숨을 잃은 안타까운 사건이 있었습니다. 상대 선수의 부러진 칼이 마스크를 뚫고 들어왔기 때문이었지요. 이 사건을 계기로 펜싱 장비의 안전 규정이 강화되었습니다.

이후 당시에 주로 사용하던 탄소강 대신 마레이징강으로 칼을 만들도록 바뀌었습니다. 마레이징강은 철과 니켈, 코발트, 몰리브덴 등을 섞어 만든 강철입니다. 미세한 균열이 퍼지는 속도가 탄소강보다 열 배 느려서 칼이 잘 부러지지 않고, 따라서 부상을 더 잘 예방할 수 있습니다. 얼굴을 보호하는 마스크는 스테인리스강으로 만듭니다. 촘촘하게 만든 그물망은 선수의 시야를 확보하면서도 칼날로부터 얼굴을 보호해 줍니다.

펜싱복은 선수의 움직임을 방해하지 않으면서도 칼을 막을 정도로 튼튼해야 합니다. 펜싱복은 질긴 면과 나일론 등으로 만드는데, 1982년의 사고 이후로 방탄복에 쓰이는 케블라 섬유를 덧붙이고 있습니다. 케블라는 미국의 화학 회사인 듀폰이 1970년대에 개발한 합성섬유입니다. 같은 무게의 강철과 비교해 강도가 다섯 배나 되지요. 이런 성질 때문에 방탄복과 방탄모의 주 소재이기도 합니다. 모터사이클 선수가 입는 보호복을 만드는 데도 쓰이지요.

그러나 케블라는 자외선과 염소에 분해되는 성질이 있습니다. 햇빛과 수돗물에 취약해 케블라 섬유로 만든 펜싱복은 세탁이 곤란하다는 단점이 있습니다. 그래서 케블라의 단점을 보완한 합성섬유를 이용하기도 합니다.

자, 이 정도면 안심이 되네요. 그러면 잠시 앉아서 경기를 지켜볼까요? 이제 어떤 종목이 플뢰레인지 에페인지, 누가 왜 점수를 딴 것인지 더 잘 이해할 수 있을 겁니다. 아는 만큼 보인다는 말처럼 펜싱 역시 그렇습니다. 흔히 펜싱을 가리켜 '몸으로 하는 체스'라고 부릅니다. 짧은 시간에도 수시로 우선권이 오가는 사이에 상대의 허점을 노려서 공격하는 치열한 두뇌 싸움이 펼쳐지기 때문입니다. 전투 기술에서 유래했고, 체력은 물론이거니와 머리까지 써야 한다는 점에서 보면 문무겸비를 상징하는 종목이 아닐까 싶습니다.

지금까지 소개한 복잡한 규칙이나 첨단 장비 때문에 여러분이 펜싱을 멀게 느낄까 봐 걱정되긴 합니다. 하지만 이곳처럼 최신 시설을 갖춘 경기장은 아니더라도 우리 주변에서 펜싱을 배울 수 있는 펜싱 클럽은 얼마든지 찾을 수 있습니다. 처음부터 모든 장비를 갖출 필요도 없습니다. 도전해 보고 잘 맞는다 싶으면 그때부터 본격적으로 배우면 됩니다. 평소 펜싱 경기가 멋져 보였다면, 도전해 보는 게 어떨까요? 체력과 기술과 두뇌를 모두 필요로 하는 이 스포츠는 여러분의 삶을 바꿀 의지를 키워 줄지도 모릅니다. 살면서 힘들 때마다 스스로에게 이렇게 말하는 거지요.

"할 수 있다. 할 수 있다."

8장 스키

기상이변에도 살아남을 수 있을까?

　고지가 눈앞이니 조금만 힘내 봅시다. 갑자기 웬 등산이냐고 생각할 수도 있지만 이 산 위에도 새로 만들어진 경기장이 있거든요. 날씨는 춥지만 몸에서 땀이 나는군요. 아래를 내려다보니 설산의 경치가 무척 아름답습니다. 산을 오르느라 숨이 차긴 하지만, 새하얀 눈과 멋진 풍경을 보니 저절로 기분이 좋아지네요. 차가운 공기도 이제는 시원하게 느껴집니다.

　자, 이제 도착했습니다. 아무 경기장도 안 보인다고요? 그럴 리가요. 그건 여러분이 건물을 찾고 있기 때문입니다. 겨울철의 대표 스포츠인 스키는 자연이 곧 경기장입니다. 스키를 좋아하는 사람들은 매년 겨울이 오기를 손꼽아 기다리기도 하지요. 바람을 맞으며 눈 덮인 산을 빠르게 미끄러져 내려가는 상쾌한 기분은 그 무엇과도 바꿀 수 없답니다.

겨울 스포츠의 대명사

스키의 기원은 선사시대까지 거슬러 올라갑니다. 특이하게도 처음에는 사냥이나 놀이가 아닌 이동 수단이었습니다. 육상의 달리기와 기원이 비슷하다고 볼 수 있지만, 스키는 장비를 이용한다는 특성이 있습니다. 눈이 깊게 쌓인 곳을 걷는 건 매우 힘든 일입니다. 발이 푹푹 빠져서 다리를 움직이기 힘들고, 눈 아래의 땅에 무엇이 있는지를 알기 어려워 자칫하면 다칠 수도 있습니다. 우리 조상들도 눈이 많이 오면 설피라고 하는 덧신을 신고 다녔습니다. 넓적한 설피는 발이 눈에 빠지지 않도록 해 주었지요.

최초의 스키도 눈 덮인 지역에서 편하게 다닐 수 있도록 쓰는 장비였을 겁니다. 러시아 북부에서는 기원전 6000년에 사용했던 스키 파편이 발견되었습니다. 스칸디나비아 지역에서는 수천 년 전 바위에 새긴 그림이 발견되었는데, 이 그림 속의 사람들은 마치 스키를 타고 있는 것처럼 보입니다. 손에 긴 막대기를 들고 있는 모습까지 오늘날의 스키를 빼닮았습니다. 우리나라를 비롯한 동북아시아에서도 겨울철 눈이 많이 내리는 지역에서는 스키와 비슷한 이동 수단이 발달했지요.

스키가 스포츠로 발전한 건 18세기 북유럽에서였습니다. 군대에서 병사들의 스키 기술 향상을 위해 조직적으로 훈련을 시

스키

기원전 4000여 년 경에 제작된 스칸디나비아 반도의 암각화.
5명의 스키어와 순록을 묘사하고 있다.

키고 서로 시합을 하게 했지요. 경사진 곳을 빠르게 내려오거나 쇼트스키를 타면서 표적에 총을 쏘는 기술, 군장을 메고 먼 거리를 이동하는 능력 등을 키우기 위해서였습니다. 지금 우리가 스포츠로 즐기는 스키와 흡사하지 않나요?

오늘날 스키는 겨울철 스포츠의 대명사가 되었습니다. 날이 추워지면 많은 사람이 창고에 넣어 두었던 장비를 꺼내 들고 스키장으로 향하지요. 스키는 동계 올림픽의 대표 종목이기도 합니다.

현대의 스키 경기에는 크게 알파인스키와 노르딕스키가 있습니다. 알파인스키는 알프스 지방에서 타던 스키라는 뜻입니다. 원래는 산에서 빠르게 내려오기 위해서 스키를 탔던 데서 비롯했습니다. 눈 덮인 산을 걸어서 내려오는 대신 스키를 타고 활강하면 훨씬 더 빠르게 내려올 수 있으니까요. 무슨 이유에서든 산을 오른 뒤 빨리 하산하기 위해 스키를 이용했던 것입니다. 오늘날 알파인 스키에는 활강, 회전 등의 종목이 있습니다.

노르딕은 노르웨이, 덴마크, 스웨덴 같은 북유럽 국가를 통틀어 일컫는 말이지요. 노르딕스키는 그 이름처럼 북유럽에서 발달했습니다. 크로스컨트리와 스키점프 등이 여기에 속합니다. 알파인스키는 부츠의 앞뒤를 모두 스키에 고정하고, 노르딕스키는 부츠의 앞만 스키에 고정한다는 점도 다릅니다. 동계 올림픽 대회에서 스키를 자세히 보면 뒤꿈치가 스키에서 떨어지는 경우를 볼 수 있는데, 노르딕스키에 속하는 종목이라고 생각하면 됩니다.

경사도와 경사각

먼저 알파인스키에 관해서 알아보겠습니다. 스키 대회에서 치르

는 알파인스키 종목에는 활강, 회전, 대회전, 슈퍼 대회전 등이 있습니다. 깃발로 표시한 기문을 통과하며 누가 정해진 코스를 가장 빠르게 내려오는지 실력을 겨룹니다. 육상이나 수영과 달리 스키는 코스에 따라 기록이 달라지기 때문에 세계신기록의 개념이 없습니다. 같은 코스라도 기문을 어떻게 놓느냐에 따라 기록이 달라질 수 있지요.

가장 빠른 종목은 활강입니다. 활강은 표고차, 즉 출발선과 결승선의 고도차가 450~1,100m(여자 부문은 450~800m)인 코스를 빠른 속도로 내려오는 능력으로 승부를 가립니다. 활강하는 선수들의 평균 속도는 시속 100km가 넘고, 최고 속도 기록은 무려 시속 161km입니다. 정말 무시무시한 속도지요. 자칫하다 넘어지면 큰 부상을 입을 수 있는 위험한 종목입니다.

슈퍼 대회전은 표고차가 400~650m, 대회전은 250~400m, 회전은 180~220m입니다. 여자 경기는 표고차가 이보다 조금 작은 곳에서 치릅니다. 활강과 비교하면 갈수록 표고차가 작아지므로 더 쉬워질 것 같지만, 경기장의 표고차가 작아지는 대신 기문의 간격 역시 좁아집니다. 따라서 회전이 훨씬 더 많아집니다. 활강에서 회전으로 올수록 속도는 줄어드는 대신 회전하는 기술이 중요해지지요.

이렇게 말로만 들어서는 사실 감이 잘 오지 않을 겁니다. 체

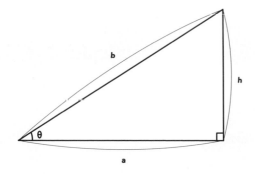

경사면을 직각삼각형으로 표현해 보면 탄젠트 함수를 이용해 경사각을 알 수 있다.

감될 만한 비교 대상을 찾아볼까요? 2018년 평창 동계 올림픽에서 활강 종목 경기를 치렀던 정선 알파인 경기장의 경우, 남자 활강 코스 길이는 최대 2,648m에 표고차가 825m였습니다. 평균 경사도는 약 31입니다. 경사도라고 하면 각도를 떠올리기 쉽지만, 사실 수평 길이에 대한 수직 길이의 비율입니다. 수직 길이인 825m(표고차)를 수평 길이인 2,648m(코스 길이)로 나눈 뒤 100을 곱하면 약 31이 되지요.

흔히 우리는 경사를 이야기할 때 각도에 익숙합니다. 경사면이 수평에 대해 기울어져 있는 각도를 경사각이라고 하는데, 경사도가 31이라고 하면 경사각은 어느 정도일까요?

경사면을 위와 같은 직각삼각형으로 나타내 보겠습니다. b라

는 변의 경사도는 수평 길이 a에 대한 수직 길이 h의 비율입니다. 식으로 나타내면 $\frac{h}{a}$가 됩니다. 그리고 우리가 구하고자 하는 경사각은 θ입니다. 어딘가 익숙한 함수가 떠오르지 않나요? 바로 삼각함수 중 탄젠트(tan) 함수입니다. $\tan\theta = \frac{h}{a}$이므로 탄젠트 함수를 이용하면 경사각 θ를 구할 수 있습니다. 삼각함수표를 이용해 경사도가 31일 때의 경사각을 구하면 17~18도가 됩니다.

'흠, 17~18도라면 생각보다 별로 가파르지 않은데? 한 45도쯤은 될 줄 알았는데.' 이렇게 생각하는 사람도 있을 겁니다. 만약 그런 생각이 든다면, 스키장에 직접 올라가 보길 바랍니다. 위에 올라가서 내려다볼 때의 기분은 상상했던 것과 사뭇 다를 테니까요.

스키 타기에 가장 좋은 눈은?

이제 슬슬 선수들이 나타나기 시작하는군요. 눈발을 흩날리며 순식간에 슬로프 아래로 미끄러져 내려가는 모습을 보니 가슴이 상쾌해집니다. 여기저기서 스노보드를 즐기는 사람들의 모습도 보이는군요. 저는 조금 전 스키장의 풍경을 천천히 감상하기 위해 걸어 올라왔지만, 실제로는 보통 리프트를 타고 올라옵니다. 매번 걸어서 올라오라고 한다면 그건 너무 무리겠지요. 다음엔 저도 리프트를 타겠습니다.

자, 이제 저도 직접 스키를 신고 내려가 보도록 하겠습니다. 오늘은 스키 타기 좋은 날입니다. 설질이 참 좋습니다. 스키를 즐기다 보면 이렇게 설질이 좋다, 나쁘다 하는 말을 흔히 들을 수 있는데요. 눈의 상태가 스키를 타기에 좋을 때 설질이 좋다고 표현합니다. 스키장에서 눈의 상태는 매우 중요합니다. 슬로프의 굴곡과 함께 스키장이라는 경기장을 구성하는 가장 큰 요소입니다. 설질이 경기력에 끼치는 영향은 대단히 큽니다.

얼핏 생각하면 눈이 두텁게 쌓였을 때가 스키 타기에 좋을 것 같지만, 꼭 그렇지는 않습니다. 눈이 오래 내려서 슬로프에 쌓인 상태를 이른바 '파우더' 상태라고 합니다. 걸을 때마다 발이 푹푹 빠질 정도이지요. 이런 때는 오히려 스키 타기에 좋지 않습니다. 폭이 좁은 일반 스키 역시 푹푹 빠져 버리기 때문입니다. 스키장 대부분은 눈을 정돈하고 어느 정도 단단하게 다지는 정설 작업을 하고 나서 고객에게 슬로프를 개방합니다. 눈이 계속해서 펑펑 내린다면 잠시 파우더 상태를 경험해 볼 수 있겠지만, 잠깐에 불과할 겁니다.

그러면 어떤 눈이 스키 타기에 좋을까요? 함박눈 같은 경우에는 수증기가 공기 중에서 얼며 결정을 이루며 생깁니다. 이럴 때

눈 결정은 공기를 많이 품고 있습니다. 우리가 눈을 뭉쳐서 눈싸움을 하기에 좋은 상태이지요. 함박눈이 소복하게 쌓여 있으면 스키 타기에 좋을 것 같습니다. 그런데 스키 타기에 좋은 건 오히려 공기 함량이 적은 가루눈이 적당히 섞여 있을 때라고 합니다. 가루눈은 습도가 낮고 기온이 -5℃보다 낮은 추운 날에 주로 내립니다. 함박눈과 가루눈이 적당히 섞인 상태에서는 눈 표면이 적당히 부드러우면서 단단해 스키를 즐기기에 맞춤합니다.

물론 항상 원하는 상태의 눈이 원할 때 원하는 만큼 내려 줄리는 없습니다. 자연이 그렇게 우리 뜻대로 움직이지는 않는 법이지요. 적당히 눈이 내리지 않으면 스키를 즐기기는 어렵습니다. 원하는 곳에 경기장을 짓고 즐기는 여타 스포츠와 달리 스키는 자연환경이 뒷받침되어야 합니다. 열대지방에서 스키를 즐기는 건 거의 불가능하겠지요.

하지만 오늘날 스키장 대부분은 인공눈으로 슬로프를 만들고 있습니다. 우리 스키장도 인공눈으로 만들었지요. 인공눈은 미세한 물 입자를 허공에 뿌린 뒤 얼어붙게 해 만듭니다. 기온이 영상이어도 눈을 만들 수 있습니다. 제설기는 물 입자와 함께 압축된 공기를 내뿜습니다. 압축된 공기는 빠른 속도로 밖으로 나오면서 부피가 팽창합니다. 이때 단열팽창이라는 현상이 일어납니다. 압축공기의 부피가 팽창하면서 공기의 열에너지가 운동에

너지로 바뀌며 온도가 낮아지는 겁니다. 따라서 주변 공기가 차가워지면서 물 입자가 순식간에 얼어 눈이 됩니다.

이렇게 만드는 인공눈은 결정이 순식간에 생기기 때문에 공기 함량이 낮은 가루눈이 됩니다. 아까 함박눈과 가루눈이 적당히 섞이면 스키를 타기에 좋다고 했지요? 스키장에서는 함박눈이 쌓여도 인공눈을 섞어 줍니다. 그렇게 해서 스키 타기에 좋은 슬로프를 만듭니다. 2022년 베이징 동계 올림픽은 100% 인공눈을 사용해 대회를 치렀습니다. 인공눈만을 사용한 최초의 동계 올림픽이었지요.

눈만큼이나 기온도 중요한 요소입니다. 눈이 녹지 않는 영하의 날씨여야 하고, 영상과 영하를 넘나드는 날씨는 좋지 않습니다. 눈이 녹아서 슬러시처럼 변하면 당연히 스키 타기에 적당하지 않지요. 만약 이 상태에서 다시 영하로 내려가면 녹은 눈이 얼어붙어 빙판을 만들 수 있습니다. 빙판은 딱딱하고 스키가 잘 미끄러져 자칫하면 다치기 쉽지요. 정설 과정에서 얼음이 조각나면서 슬로프가 작은 얼음 조각으로 덮이는 경우도 있는데요. 역시 스키를 타기에는 좋지 않은 환경입니다.

설질은 기온과 습도 등 기후 상황에 따라 다양하게 나타납니다. 대체로 스키를 타기에 좋은 설질은 있지만, 그게 절대적인 기준은 아닙니다. 사람마다 취향이 다르고, 다른 설질을 경험하는 데서 재미를 느낄 수도 있으니까요. 스키를 사랑하는 사람이라면 여러 종류의 눈을 경험해 보고 싶지 않을까요?

기후변화가 스키의 위기로

사실 스키와 같은 설상 종목은 현재 위기에 처해 있습니다. 눈이 있어야 한다는 특성상 스키를 즐길 수 있는 곳은 적습니다. 위도가 높고 눈이 오는 지역에서만 즐길 수 있는 스포츠이지요. 설상 종목만이 아니라 동계 스포츠의 상당수가 그렇습니다. 하계 올림픽은 참가국이 200곳이 넘지만, 동계 올림픽 참가국은 그 절반도 되지 않습니다.

설상 종목의 저변 확대를 가로막는 가장 큰 장애물은 기후변화입니다. 지구가 점점 따뜻해지고 있다는 사실을 모르는 사람은 이제 없습니다. 산업화 이후 점점 늘어나는 온실가스 배출은 지구를 꾸준히 더워지게 만들었습니다. 최근에는 지구의 평균기온이 산업화 이전보다 1.5℃ 높아졌다는 보도가 속속 나오고 있지요. 산업화 이전과 비교한 1.5℃ 상승은 국제 사회가 기후 재앙을 막을 수 있는 마지노선이라고 발표했던 수치입니다. 이 마지노선이 이미 깨졌다는 분석이 나오고 있는 겁니다.

기후변화는 동계 스포츠에도 영향을 끼치고 있습니다. 세계가 점점 따뜻해지면서 동계 스포츠를 즐길 수 있는 지역이 점점 줄어들고 있습니다. 특히 야외 스키장에서 즐기는 스키는 기후변화의 영향을 직접적으로 받을 수밖에 없습니다. 아무리 인공눈을 만들어 뿌린다 해도 날이 따뜻해서 다 녹아 버리면 스키를 탈 수 없겠지요.

그에 따라 점점 스키를 탈 수 있는 기간이 줄어들고 있습니다. 운영 기간은 줄어들고 제설 비용은 늘어나니 스키장이 버티기 어려워집니다. 우리나라에서도 문을 닫는 스키장이 늘어나고 있습니다. 수십 년이 지나면 우리나라에서 스키를 타는 게 불가능해질지도 모릅니다. 이는 유럽이나 북미 등 스키가 대중적인 나라에서도 일어나고 있는 현상입니다. 스키라는 스포츠의 존재가 위협 받고 있는 상황이지요.

여기에 맞서 스키장을 지키기 위한 여러 가지 노력도 이루어지고 있습니다. 요즘 유럽의 스키장에서는 눈 저장 기술을 적극적으로 활용하고 있습니다. 겨울 동안 내린 눈을 한곳에 모아 둔 뒤 단열재로 덮어서 보관하는 방법입니다. 단열재로 덮인 눈은 여름 동안에도 다 녹지 않고 80~90%까지 남아 있게 됩니다. 겨울이 오면 단열재를 걷어 내고 필요한 곳에 눈을 뿌려서 사용하는 거지요. 2018년 평창 동계 올림픽에서도 그 전 해에 저장해

두었던 눈을 사용했습니다.

이 방법에도 한계는 있습니다. 기온이 걷잡을 수 없을 정도로 상승해 아예 눈이 오지 않는다면, 어쩔 도리가 없을 테니까요. 그때쯤이면 스키를 즐기는 사람이 사라질지도 모릅니다. 어쩌면 생존하기 위해 발버둥질하느라 한가하게 스포츠나 즐기고 있을 시간이 없을지도 모르지요. 스키는 기록으로만 전하는 전설의 스포츠가 되어 있을 수도 있습니다.

그렇다고 해서 스키가 무조건 피해자인 것만은 아닙니다. 저와 함께 리프트를 타고 다시 산 위로 올라가면서 주변 풍경을 살펴봅시다. 긴 경사로를 확보하기 위해 스키장 대부분은 산에 짓습니다. 나무를 베고 슬로프를 만들어야 하지요. 스키장 건설은 곧 산림 생태계 파괴로 이어집니다. 또, 스키장은 도시에서 비교적 멀리 떨어진 곳에 있기 때문에 숙박 시설을 포함한 대규모 리조트가 함께 들어서며 환경에 피해를 주는 경우가 많습니다. 어느 스키장도 이 문제에서 자유롭지 못하며, 동계 올림픽 같은 국가적인 사업에서도 환경 파괴 문제는 항상 도마에 오릅니다.

제가 만든 이 스키장도 가능한 한 환경 파괴를 최소화하기 위해 노력했지만, 환경을 전혀 훼손하지 않을 수는 없었습니다. 자연 속에 경기장을 마련하고 즐기는 스포츠인 스키의 벗어날 수 없는 숙명일지도 모릅니다. 그러나 스키의 위기가 다가오고 있

스키

는 오늘날, 더욱 현명한 대안을 찾아내려고 노력하는 게 스키의 존속에 조금이나마 도움이 되겠지요.

한 가지 방법은 실내 스키장입니다. 말 그대로 실내 공간에 스키장을 만드는 겁니다. 산에 있는 스키장처럼 길이가 1~2km 인 슬로프를 만드는 건 어렵지만, 수백 m 길이의 슬로프는 실내에도 구현할 수 있습니다. 그 위에 인공눈을 만들어 뿌려 놓으면, 짜잔! 실내에서도 스키를 즐길 수 있는 공간이 탄생하는 겁니다.

실제로 세계 여러 나라에 실내 스키장이 있습니다. 알파인스키와 크로스컨트리, 스노보드와 썰매 등 다양한 설상 스포츠를 실내에서 즐길 수 있지요. 중동처럼 더워서 평소에는 눈을 보지 못하는 지역뿐만 아니라 노르웨이처럼 눈이 많고 스키가 대중적인 나라에서도 실내 스키장이 생겨나고 있습니다.

인류가 에너지 문제를 해결할 수 있다는 전제 조건이 붙긴 하겠지만, 미래에는 이런 실내 스키장이 대세가 되지 않을까요? 삼림 파괴도 줄이면서 지역이나 기후와 관계없이 더 많은 사람이 스키를 즐길 방법이 될 수도 있습니다. 설산에서 신나게 내려오는 쾌감을 아예 포기하자는 건 아닙니다. 언젠가 온난화 문제를 해결하고, 아무 걱정 없이 스키를 즐길 수 있게 되는 날을 위해 계속 노력해야겠지요.

　높은 산을 오르느라 고생 많았습니다. 이제 다음 동계 스포츠 경기장으로 가 볼까요? 걱정하지 마세요. 이번에는 산을 타지 않아도 됩니다. 이 스포츠는 야외에서 즐기기도 하지만, 정식 시합은 보통 실내 경기장에서 치릅니다. 어떤 종목을 이야기하는지 벌써 눈치챘으려나요.

　지금부터 얼음 위에서 펼치는 경기를 살펴보려 합니다. 빙상 종목이라고 하면 가장 먼저 스케이트가 떠오릅니다. 스케이트에도 스피드스케이팅과 피겨스케이팅 등이 있고, 아이스하키와 컬링도 얼음 위에서 하는 스포츠지요. 그러면 매끄러운 얼음 표면이 지닌 비밀을 찾아 떠나 볼까요?

스케이트의 기원은 스키와 비슷합니다. 북반구 근처의 추운 나라에서 편리하게 이동하기 위해 고안한 것이지요. 선사시대의 스케이트 날은 동물의 뼈로 만들었습니다. 그것은 중세 이후까지도 스케이트 날의 재료로 쓰였습니다. 그 뒤로 시간이 더 흐르면서 철로 바닥 날을 만든 스케이트가 등장했고, 스케이팅은 겨울철의 인기 있는 놀이가 되었습니다.

최초의 스케이팅 클럽은 18세기 영국에서 생겼습니다. 기록에 따르면, 당시의 스케이팅은 스피드스케이팅보다는 피겨스케이팅에 가까웠습니다. 클럽에 들어가려면 스케이트를 타고 원을 그리거나 점프를 할 수 있는지 시험을 치러야 했다고 합니다.

19세기에 이르러 스케이팅이 겨울철 스포츠로 자리 잡게 됩니다. 겨울이 되면 각지에서 스케이트 경기를 했고, 경기 결과가 신문에 실리기도 했습니다. 1863년에는 노르웨이에서 최초의 근대적인 스피드스케이팅 경기가 열렸으며, 1892년에는 국제빙상연맹이 탄생했습니다. 국제빙상연맹은 스피드스케이팅과 피겨스케이팅의 표준 규칙을 만들었습니다.

요즘에는 온난화와 수질오염 때문에 강물이 잘 얼지 않지만, 불과 몇십 년 전만 해도 우리도 근대 유럽인처럼 한겨울에 강이

스케이트

꽁꽁 얼면 스케이트나 썰매를 타며 놀았습니다. 논에 물을 대고 얼음을 얼려서 스케이트장을 만들기도 했습니다. 찬바람을 맞으며 신나게 스케이트를 타다가 동네 친구들과 먹는 어묵이나 떡볶이 맛이 끝내줬지요.

겨울철에 즐기는 놀이라는 인식이 있지만, 지금은 스케이트를 사시사철 즐길 수 있습니다. 실내 아이스링크에서 언제든지 얼음을 타며 놀 수 있습니다. 한여름이라도 얼음판 위에서 겨울 기분을 낼 수 있지요. 슬로프가 길어야 재미있는 스키와 달리 실내 경기장에서도 마음껏 즐길 수 있다는 건 스케이트의 장점입니다.

장인 정신으로 만드는 은반

그런데 아이스링크에 가 본 사람이라면 알겠지만, 실내는 얼음이 꽁꽁 얼 정도로 춥지 않습니다. 스케이트를 탈 수 있도록 얼음이 단단하게 얼려면 실내가 마치 냉동실처럼 추워야 할 것 같은데 말입니다.

사실 스케이트가 아무리 스키보다 공간을 적게 필요로 한다고 해도 많은 사람을 수용하려면 어느 정도 규모가 있어야 합니다. 특히 스피드스케이팅 경기를 치르려면 트랙의 길이가 400m는 되어야 하지요. 여기에 관중도 들어와야 한다는 점을 고려하면 그 큰 경기장을 냉동실처럼 유지하는 건 어렵습니다. 경기를 보러 온 관중이 추워서 동태처럼 꽁꽁 얼어버린다는 문제도 있고요.

아이스링크에서 얼음을 얼리는 방법은 재미있게도 우리나라에서 많이 사용하는 바닥 난방과 비슷합니다. 우리나라 집의 방과 거실 바닥에는 더운물이 통하는 온수관이 깔려 있습니다. 물이 흐를 수 있는 관을 일정한 간격으로 설치하고 그 위에 시멘트로 바닥을 만드는 방식입니다. 추운 날 보일러에서 데워진 물이 온수관을 타고 흐르면, 그 온수의 열기가 바닥을 따뜻하게 만들어 줍니다. 덕분에 우리는 바닥에 누워 추위에 굳은 몸을 녹일 수 있지요. 따뜻한 바닥에 몸을 지지고 있으면 그야말로 녹는다는 표현이 적당합니다.

아이스링크의 바닥 아래에도 온수관과 같은 관이 깔려 있습니다. 다만 이 냉각관을 통해 흐르는 건 더운물이 아니라 영하의 온도에도 얼지 않는 액체입니다. 부동액이라고 하는 화학물질을 물에 첨가하면 온도가 영하로 내려가도 얼지 않게 만들 수 있습니다. 겨울철에 자동차 냉각수가 얼지 않도록 넣어 주는 물질이 바로 이 부동액입니다.

냉각관 속에 −10℃ 아래의 액체를 흘려 주면, 아이스링크 바닥이 차가워집니다. 바닥이 차가워지고 나면 바닥에 물을 뿌려서 얼려 줍니다. 이때 냉각관의 간격은 일정해야 합니다. 얼음이 어는 속도가 위치에 따라 다르면 좋은 빙질을 얻을 수 없기 때문입니다. 빙판은 한 번에 물을 뿌려서 만들지 않습니다. 한꺼번에 많은 물을 뿌려서 얼음층을 만들면 공기층이 많이 생겨서 강도가 약해지거든요. 또, 공기층을 최소화하려면 산소 함량이 적은 약산성 물을 사용해야 합니다.

한 번 물을 뿌려서 생기는 얼음층의 두께는 0.2~0.3mm에 불과합니다. 이 과정을 반복하면서 경기에 필요한 빙질을 만들어 냅니다. 피겨스케이팅의 경우 5cm 두께의 얼음층이 필요하니 이 과정을 약 200~250번 반복해야 합니다. 이렇듯 빙판을 만드는 데는 아주 오랜 시간이 걸립니다. 꼬박 3~4일은 작업해야 선수들이 활약할 빙판을 만들 수 있습니다.

아, 한 가지를 빠뜨렸군요. 빙판을 만드는 도중에 한 번 빙판 위를 특수 페인트로 칠합니다. 그 위에 다시 얼음층을 쌓아 주면 매끄럽고 아름다운 빙판이 됩니다. 빙상 경기장을 아름다운 '은반'이라고 부르는 이유입니다. 페인트 위에는 대회 로고나 마스코트 등을 그리기도 한답니다.

빙판을 다 만들었다면, 마지막으로 얼음 표면을 매끄럽게 하는 정빙 작업을 합니다. 스키장에서 하는 정설 작업과 비슷합니다. 스케이트 날에 빙판이 망가지기 때문에 정빙 작업은 정기적으로 해야 하지요. 전문 정빙사가 정빙기를 타고 빙판 위를 돌아다니며 얼음을 고르게 다집니다. 정빙기의 앞에는 커다란 칼날 같은 장치가 있어서 얼음을 평평하게 깎아 줍니다.

얼음을 깎고 난 뒤에는 물을 뿌립니다. 물은 빙판 위에 생긴 홈을 채운 뒤 다시 얼어서 표면을 평평하게 해 줍니다. 이때 흔히 60℃ 정도의 뜨거운 물을 뿌립니다. 뜨거운 물은 얼음의 표면을 살짝 녹이는데, 이때 얼음의 표면이 부드럽고 평평해집니다.

어떤 곳에서는 빙판에 뜨거운 물을 뿌리는 이유가 뜨거운 물이 차가운 물보다 빨리 얼기 때문이라고 설명하기도 합니다. 이른바 음펨바 효과를 이용하기 위해서라고 하지요. 하지만 그건 불확실한 이야기입니다. 음펨바 효과는 같은 조건에서 냉각했을 때 따뜻한 물이 차가운 물보다 더 빨리 어는 현상을 말합니다. 1963년 탄자니아의 중학생이었던 에라스토 음펨바가 아이스크림을 만드는 실습 수업 중에 발견한 데서 음펨바 효과라는 이름이 붙었습니다. 사실 음펨바 효과는 상식적으로는 말이 되지 않습니다. 물은 열을 빼앗기면서 온도가 점점 내려가다가 빙점에 이르면 얼음이 됩니다. 똑같이 냉각한다면 당연히 차가운 물이 빨리 얼어야 하지요.

그 뒤로 여러 물리학자가 이 현상을 설명하기 위해 노력했지만, 아직 몇 가지 가설이 있을 뿐 뚜렷한 원리가 밝혀지지는 않았습니다. 예를 들어, 뜨거운 물이 증발하면서 열을 빼앗기 때문이라고 설명하기도 합니다. 하지만 실제로는 증발량이 그렇게 많지 않습니다. 원인을 밝히기 어려운 이유 중 하나는 음펨바 효과가 항상 나타나는 현상이 아니라는 데 있습니다. 35℃와 5℃의 물을 비교할 때 가장 효과가 뚜렷하다고 하지만, 현상을 재현하기는 쉽지 않지요. 대부분의 경우 차가운 물이 먼저 얼음이 됩니다.

재현조차 쉽지 않은 음펨바 효과를 이용하기 위해 빙판에 뜨거운 물을 뿌린다는 설명은 이치에 맞지 않아 보입니다. 앞서 설명한 대로 뜨거운 물로 얼음의 표면을 살짝 녹임으로써 표면을 더욱 매끄럽게 만들기 위해서라는 쪽이 합당합니다.

그러면 빙질에 관해 좀 더 자세히 살펴보겠습니다. 제가 지금까지 소개한 경기장은 모두 각 종목에서 선수들의 경기력을 최고로 끌어낼 수 있는 곳이었습니다. 이곳 역시 마찬가지인데요. 과연 빙상 종목에서 선수가 최고의 경기력을 발휘할 수 있으려면 빙질은 어때야 할까요?

먼저, 빙상 종목에는 무엇이 있는지부터 알아봅시다. 김연아 선수 하면 떠오르는 피겨스케이팅이 있습니다. 아이스링크에서 음악에 맞춰 스케이팅 기술을 선보이는 종목이지요. 기술뿐만 아니라 예술성까지 포함해 심사위원의 채점 결과에 따라 승부를 가릅니다. 피겨스케이팅은 빙상 종목 중에서 가장 예술적입니다. 아름다운 연기를 펼치는 여자 피겨스케이팅 선수를 일컬어 은반 위의 요정이라고 부르기도 합니다. 동계 올림픽의 대표적인 종목이라고 할까요.

피겨스케이팅에 사용하는 빙판은 얼음의 두께가 5cm 정도이며, 온도는 -3℃ 정도입니다. 빙상 종목 중에서 두께가 가장 두껍고 온도가 가장 높습니다. 얼음이 무른 편이지요. 피겨스케이팅은 점프와 회전 기술이 많기 때문에 얼음이 지나치게 단단해서는 안 됩니다. 너무 단단하면 선수가 부상을 입기 쉽습니다.

회전이 많다는 특성에 맞게 피겨스케이팅용 스케이트는 날이 짧고 앞부분이 둥글게 되어 있습니다. 회전할 때 미끄러지지 않도록 날 앞쪽은 톱니 모양으로 되어 있지요.

그다음으로 스피드스케이팅이 있습니다. 이 종목에는 올림픽 2연패에 빛나는 이상화 선수가 있지요. 정확히 말하면, 우리가 흔히 말하는 스피드스케이팅은 '롱트랙 스피드스케이팅'입니다. 남녀에 따라 500m, 1,000m, 1,500m, 5,000m, 10,000m 등의 종목이 있습니다. 육상의 달리기처럼 세부 종목이 많아 많은 메달이 걸려 있습니다.

스피드스케이팅은 얼음을 딛고 빠른 속도로 앞으로 나가야 합니다. 특히 단거리 경기를 보면 폭발적인 기세로 빙판을 박차고 돌진하는 모습을 볼 수 있습니다. 발로 얼음판을 미는 힘을 더 많이 전달할 수 있도록 스케이트 날도 더 깁니다. 날 뒷부분이 신발과 분리됨으로써 빙판에 붙어 있을 수 있지요. 그 힘을 받쳐 주기 위해서는 얼음도 단단해야 합니다. 그래서 얼음의 두께는 2.5cm 정도로 가장 얇지만, 온도는 -7~9℃로 가장 낮습니다.

우리나라의 효자 종목인 쇼트트랙은 스피드스케이팅의 한 종류로 원래 명칭은 '쇼트트랙 스피드스케이팅'입니다. 롱트랙보다 작은 규격의 아이스링크에서 경기하기 위해 생긴 종목이지요. 쇼트트랙은 롱트랙보다 짧은 트랙을 여러 바퀴 도는 경기여서 곡선 구간을 도는 코너링이 중요합니다. 쇼트트랙의 빙판은 얼음의 두께와 온도가 롱트랙 스피드스케이팅과 피겨스케이팅의 중간 정도입니다.

얼음 위의 구기 종목

스케이팅 외에도 얼음 위에서 벌이는 빙상 구기 종목이 있습니다. 아이스하키와 컬링입니다. 아이스하키는 여섯 명이 한 팀을 이루어 스틱으로 퍽을 쳐서 상대방의 골대 안에 넣는 경기입니다. 공 역할을 하는 퍽은 고무로 만든 원판입니다.

아이스하키는 굉장히 격렬하고 거친 스포츠입니다. 스틱을 들고 있는 데다가 날카로운 스케이트 날에 자칫하면 크게 다치기 쉽습니다. 헬멧을 비롯해 온갖 보호 장비를 찬 선수들이 전력으로 질주했다가 멈추고, 회전하는 등 격하게 움직이기 때문에 얼음 역시 피겨스케이팅보다 단단해야 합니다.

컬링은 지금까지 언급한 종목과는 조금 다른 성질의 얼음이 필요합니다. 비인기 종목이었지만, 2018년 평창 올림픽에서 우리나라 여자 컬링팀이 사상 최초로 은메달을 획득하면서 대중적인 인지도를 얻었지요. 지금도 규칙을 잘 모르고 보면 얼음 위

에서 열심히 빗자루질하는 모습을 보고 의아해할 수 있습니다. 하지만 알고 보면 매우 재미있는 종목입니다. '빙판 위의 체스'라고 불릴 정도로 두뇌 싸움도 치열합니다.

컬링 선수는 스케이트 대신 전용 경기화를 신습니다. 한쪽은 바닥이 잘 미끄러지는 재질이고, 다른 한쪽은 잘 미끄러지지 않습니다. 이를 이용해 얼음판 위를 미끄러지다가 멈추면서 돌아다니지요. 컬링은 화강암으로 만든 스톤을 미끄러뜨려 정해진 원 안에 집어넣는 경기입니다. 이때 얼음의 마찰력을 이용해 스톤의 진행 거리를 조절하거나 방향을 바꾸기 위해 빗자루질을 합니다. 이런 빗자루질을 스윕이라고 부릅니다.

컬링 경기장의 얼음은 매끄럽지 않습니다. 경기 전 빙판 위에 얼음 가루를 뿌리고 다시 얼리기 때문입니다. 일부러 거칠게 만들어 놓는 것이지요. 이 얼음 가루의 지름은 3mm~1cm로, '페블(pebble)'이라고 부릅니다. 페블은 자갈이라는 뜻의 영단어입니다. 스톤을 미끄러뜨린 뒤 선수들은 열심히 스윕하며 페블을 닦아 냅니다. 페블을 닦아 내면 마찰력이 줄어들어 스톤이 더 빨리 움직이거나 그 방향으로 휩니다. 이렇게 페블을 닦아 내는 정도를 조절해 스톤을 원하는 속력과 방향으로 움직이게 하지요.

이렇듯 빙상 종목은 마찰력을 어떻게 이용하느냐에 달려 있다고 해도 과언이 아닙니다. 그런데 여기 재미있는 사실이 하나 있습니다. 우리는 아직 얼음이 왜 미끄러운지를 확실하게 알고 있지 않습니다. 놀랍지요? 얼음 위가 미끄러워서 까딱하면 넘어진다는 건 어린아이도 아는 사실인데, 그 이유를 모른다니요!

예전에는 얼음이 미끄러운 이유를 수막 이론으로 설명했습니다. 스케이트 날이 얼음을 누르면 그 압력 때문에 얼음이 살짝 녹아서 얇은 수막이 생기기 때문에 미끄러진다고 보는 이론이지요. 혹은 스케이트 날과 얼음 사이의 마찰열 때문에 얼음이 녹는다고 설명하기도 했습니다. 그러나 사람 몸무게 정도의 압력이나 마찰열은 얼음을 녹이는 데 충분하지 않습니다.

오늘날 받아들여지고 있는 건 표피층 이론입니다. 얼음 두 개를 서로 맞닿게 하면 금세 달라붙는 현상을 본 적이 있을 겁니다. 19세기 영국의 과학자 마이클 패러데이는 이 현상을 설명하기 위해 얼음 표면에 물이 있다고 주장했습니다. 현대에 들어 얼음을 자세히 관찰한 결과 실제로 얼음의 표면에 눈에 보이지 않을 정도로 얇은 수막이 있다는 사실이 밝혀졌습니다. 수막의 두께는 얼음의 온도에 따라 다르며, 이에 따라 마찰력도 달라집니다. 이 현상을 더욱 자세히 연구해 보면 빙상 종목의 경기력 향상에 도움이 되지 않을까요?

표피층 이론

물 (수막)

얼음 표면

인공 얼음으로 언제나 스케이팅!

지금까지 종목별로 필요한 빙질에 관해서 알아보았는데요. 막상 스케이트를 타러 가면 깜짝 놀랄 수도 있습니다. 얼음인 듯하면서 얼음이 아닌 요상한 빙판을 종종 볼 수 있기 때문입니다. 분명히 은반처럼 생겼는데, 만져 보면 차갑지 않는 빙판. 바로 플라스틱으로 만든 스케이트장입니다.

눈을 만들고 유지해야 하는 스키장보다 아이스링크가 좀 더 만들기 쉬운 건 사실입니다. 하지만 아이스링크도 빙판을 만들고 유지하려면 특수 장비와 에너지가 필요합니다. 요즘에는 이 모든 게 환경에 부담이 되지요.

플라스틱 스케이트장은 얼음과 비슷한 스케이팅을 경험할 수 있도록 특별하게 제작한 고밀도 플라스틱을 사용합니다. 우리가 생활 속에서 흔히 접하는 폴리에틸렌을 이용해 만들지요. 폴리에틸렌이라고 하면 왠지 낯설어 보이지만, 비닐 봉투를 만드는 재료가 바로 이것입니다. 폴리에틸렌은 밀도에 따라 다양한 용도로 쓰입니다. 밀도가 낮은 폴리에틸렌으로는 비닐 봉투나 식품 포장재 등을 만들고, 고밀도의 폴리에틸렌은 약병이나 공업용 약품 용기 등을 만듭니다. 아주 튼튼한 초고밀도 폴리에틸렌은 강철의 대용품이나 방탄복 소재로도 사용되지요.

스케이트

인공 아이스링크는 매끄러운 스케이팅을 구현하기 위해 고밀도 폴리에틸렌에 윤활제를 첨가하거나 바르기도 합니다. 그러면 마치 진짜 빙판에서 스케이트를 타듯이 미끄러지고 멈추고 회전할 수 있습니다.

인공 아이스링크를 사용하면 저렴한 비용으로 1년 내내 스케이트를 탈 수 있답니다. 아직 전문 선수가 경기를 치를 수준에는 미치지 못하지만, 일반인이 스케이팅을 즐기는 데는 큰 지장이 없지요. 냉각 장치도 필요 없고, 뙤약볕에도 녹지 않습니다. 당연히 관리도 훨씬 더 쉽습니다. 얼음을 얼리고 유지하기 위한 에너지가 필요 없으니 환경에도 더 이롭습니다.

이렇게 사시사철 아무 데서나 스케이트를 탈 수 있다니, 스케이팅을 더는 동계 스포츠라고 부르면 안 되지 않을까요? 어쩌면 미래에 지구에서 겨울이 사라진다고 해도 스케이팅은 살아남아 계속해서 많은 사람의 사랑을 받을지도 모르겠네요.

다시 밖으로 나가 볼까요? 이번에 소개할 스포츠는 어쩌면 대중적이면서도 대중적이지 않을지도 모릅니다. 여러분 대다수가 어려서부터 비슷한 놀이를 해 봤을 테니 익숙하다고 할 수 있고, 실제로 그 스포츠를 해 본 사람은 거의 없을 테니 낯설게 느껴질 수도 있습니다. 바로 썰매 이야기입니다.

아마 썰매를 한 번도 안 타 본 사람은 찾기 힘들 겁니다. 얼음판에서 타는 썰매나 눈 덮인 언덕에서 내려오는 눈썰매 정도는 어린 시절에 겨울이 오면 꼭 즐기는 놀이지요. 하지만 봅슬레이와 스켈레톤 같은 썰매 종목을 생활 스포츠로 즐기기는 쉽지 않습니다. 경기장에 가 보면 그 이유를 알 수 있을 겁니다.

심심함이 만든 스포츠

썰매 역시 스키처럼 역사가 오래되었습니다. 썰매를 이동 또는 운송 수단으로 활용했던 건 선사시대부터였을 것으로 추정됩니다. 어떤 상황에서도 즐거움을 찾는 인간의 본성을 생각할 때 분명히 재미로 썰매를 타고 경주를 벌이기도 했겠지요.

그럼에도 썰매가 스포츠로 발전한 건 비교적 최근입니다. 그 이야기는 19세기 스위스의 생모리츠에서 호텔을 운영하던 요하네스 바드루트의 고민에서 시작되었습니다. 바드루트의 고민은 운영하는 호텔이 겨울에는 손님이 없다는 점이었습니다. 당시 그곳은 주로 부유한 유럽인이 여름철 미네랄 성분이 함유된 온천에서 요양하던 곳이었습니다. 여름에만 손님을 받으니 호텔의 수익이 신통치 않았습니다.

어느 해 여름이 끝나 갈 무렵 바드루트는(요하네스 바드루트의 아들인 카스파 바드루트라는 말도 있습니다.) 영국에서 온 단골손님 몇 명에게 내기를 걸었습니다. 겨울에 다시 방문해 달라고 하면서 대신 겨울 여행이 재미없다면 비용을 환불해 주겠다는 것이었습니다. 만약 겨울에도 즐겁게 지낸다면 다른 사람들에게도 널리 알려 달라고 했지요.

이를 시작으로 바드루트의 호텔은 영국인들 사이에서 겨울철

썰매

휴양지로 떠올랐습니다. 바드루트는 손님들이 호텔에서 지루하지 않도록 여러 가지 편의를 제공하려 노력했습니다. 손님들도 가만히 앉아서 기다리고 있지만은 않았습니다. 재미있는 놀이를 찾는 건 인간의 본성이라고 말했지요?

어느 해 손님 몇 명이 놀거리를 찾다가 물품 배달용 썰매를 개조해서 놀기 시작했습니다. 처음에는 그냥 생모리츠의 길가에서 썰매를 탔습니다. 썰매 앞쪽에 조종 장치를 달아 마을의 좁은 골목길을 이리저리 돌아다녔지요. 잘은 모르지만, 서로 경주도 하면서 놀지 않았을까요? 그 모습을 상상해 보니 아주 재미있었을 것 같습니다.

점차 더 많은 관광객이 더 큰 썰매를 만들어 타고 다니며 놀았습니다. 하지만 이런 놀이가 동네 주민에게는 상당히 민폐였을 겁니다. 주민의 항의가 거세지자 바드루트는 썰매를 탈 수 있는 트랙을 만들었습니다. 이 트랙은 훗날 경주용 트랙으로 발전했고, 겨울철 관광객의 썰매 타기 놀이는 봅슬레이와 스켈레톤, 루지로 이어졌습니다.

동네에서 재미삼아 타려고 만든 썰매가 얼마나 빨랐을지는 알 수 없습니다. 크게 위험할 정도는 아니었겠지만, 놀이용 썰매라고 해도 만만하게만 보면 안 됩니다. 경사도가 꽤 큰 스키장에서 눈썰매를 타 보면 스릴을 즐기는 사람이라고 해도 은근히 무섭거든요.

　오늘날 스포츠로 발전한 썰매 종목인 봅슬레이, 스켈레톤, 루지에서 선수들이 얼음 트랙 위를 질주하는 속도는 시속 100km를 훌쩍 넘습니다. 전문적인 훈련을 받지 않는 일반인이 함부로 도전하기에는 위험합니다. 그래서 처음에 썰매가 대중적이면서 대중적이지 않다고 이야기했던 겁니다.

비슷하면서 다른 썰매 삼총사

동계 스포츠로 자리 잡은 봅슬레이와 스켈레톤, 루지는 서로 어떻게 다를까요? 일단 세 종목 모두 썰매를 타고 얼음 트랙을 질주한다는 점에서는 차이가 없습니다. 게다가 트랙도 똑같습니다.

　먼저, 봅슬레이는 마치 자동차처럼 생긴 썰매를 타고 트랙을 활주하는 종목입니다. 썰매는 4인승과 2인승이 있습니다. 모노봅이라고 부르는 개인 종목에는 여자 선수와 청소년을 위한 1인승 썰매도 있습니다. 동계 올림픽에서 세부 종목으로는 남자 4인승과 2인승, 여자 2인승과 1인승이 있습니다. 청소년 대회에서도 1인승을 사용합니다.

　2인승 이상일 때 각 선수에게는 정해진 역할이 있습니다. 맨

앞에 타는 선수는 파일럿으로, 썰매를 조종합니다. 맨 뒤의 선수는 브레이크맨이라고 부릅니다. 결승선 통과 뒤에 썰매를 멈추게 하지요. 4인승에서 두 번째와 세 번째 선수는 출발할 때 썰매의 속도를 높이기 위해 미는 역할을 합니다.

봅슬레이 썰매는 첨단 기술을 이용해 만듭니다. 빠른 속도를 내면서도 선수의 부상을 방지할 수 있어야 합니다. 탄소섬유 같은 가볍고 강한 소재로 제작하며, 공기의 저항을 고려해 모양을 만듭니다. 썰매 주위의 공기 흐름을 시뮬레이션으로 분석하며 공기의 저항을 최소화하지요. 썰매 자체의 무게는 가벼워야 활주 중에 적극적으로 무게중심을 옮겨 가며 빠르게 회전할 수 있습니다. 흔들림을 최소화하기 위해 무게중심 위치도 최대한 낮추어야 합니다.

그러나 썰매가 빠르게 미끄러져 내려가려면 전체 무게가 무거워야 합니다. 썰매가 무거우면 출발점에서 미는 데는 힘이 더 들지만, 내려갈수록 가속도가 붙으며 빨라집니다. 그래서 봅슬레이 선수 대부분은 체구가 크고 몸무게가 많이 나갑니다. 과거에는 무게 제한이 없어 몸무게를 많이 불렸는데요. 1952년에 무게 제한이 생겼습니다. 현재 4인승의 경우 썰매와 선수를 합쳐 630kg, 남자 2인승은 390kg, 여자 2인승은 340kg을 넘을 수 없습니다.

스켈레톤은 우리에게 익숙해 보이는 썰매를 타고 트랙을 빠르게 내려가는 종목입니다. 그런데 봅슬레이와 달리 엎드린 채 머리를 앞으로 향한 자세로 썰매에 타며, 1인승밖에 없습니다. 출발점에서 썰매를 한 손으로 밀면서 달리다가 올라타 출발하는 방식이지요. 우리나라에서는 윤성빈 선수가 2018년 평창 동계올림픽에서 금메달을 획득하며 인지도가 높아졌습니다.

스켈레톤 썰매는 강철로 제작하며, 조종간이나 브레이크가 없습니다. 스켈레톤 역시 무거울수록 유리하기 때문에 남자는 115kg, 여자는 102kg로 무게 제한이 있습니다. 윤성빈 선수도 스켈레톤을 하기 위해 이전보다 몸무게를 늘렸다고 하지요. 만약 썰매와 체중을 합한 무게가 최대 무게보다 낮다면, 썰매에 뭔가를 붙여 무게를 늘릴 수도 있습니다.

마지막으로 루지입니다. 루지는 스켈레톤과 반대로 썰매에 누워서 탑니다. 2인승 종목이 있다는 점도 다릅니다. 또한 도움닫기를 하는 봅슬레이, 스켈레톤과 달리 썰매에 누운 채로 벽에 있는 손잡이와 바닥을 밀어서 출발합니다. 누운 상태에서 썰매를 움직여야 하므로 세 종목 중에서 조종 실력이 가장 중요합니다.

세 종목 모두 평균속도가 시속 120km를 훌쩍 넘을 정도로 빠른 스포츠입니다. 조금만 잘못되어도 큰 사고가 날 수 있지요. 실제로 연습이나 경기 중에 사고로 목숨을 잃은 안타까운 사례

썰매

도 있습니다. 2010년 밴쿠버 동계 올림픽을 앞두고 조지아의 루지 선수 노다르 쿠마리타시빌리는 훈련 도중 썰매가 뒤집히면서 튕겨 나가 숨을 거뒀습니다.

평균속도로만 보면 루지가 세 종목 중 가장 빠릅니다. 썰매를 밀며 달리다가 올라타는 스켈레톤이 더 빠를 것 같지만, 머리와 어깨를 앞으로 향하다 보니 공기의 저항을 받는 면적이 넓습니다. 따라서 공기의 저항은 루지가 더 적게 받습니다. 그리고 썰매의 날이 둥근 스켈레톤과 달리 루지는 네모나기 때문에 얼음과 닿는 면적도 작습니다. 면적이 작을수록 마찰력이 작아지니 속도를 내는 데 더 유리하지요. 출발점의 경사가 스켈레톤보다 좀 더 가파르다는 점도 루지의 평균속도가 상대적으로 빠른 이유 중 하나입니다.

빠르고 안전한 트랙을 위하여

다시 산을 오르느라 고생 많았습니다. 썰매 트랙은 스키장처럼 야외에 있거든요. 길이가 1~2km에 달하고 경사진 곳에 만들어야 하니 산이나 언덕에 지을 수밖에요. 특히 햇빛이 잘 들지 않는 북쪽 사면에 만드는 편이 좋습니다. 산길에 눈과 얼음을 쌓아 만든 자연 트랙도 있지만, 오늘날 동계 올림픽과 같은 대회는 인공 트랙에서 경기를 치릅니다.

현재 봅슬레이, 스켈레톤, 루지 경기를 치를 수 있는 인공 트랙은 전 세계에 열여섯 곳뿐입니다. 2018년 평창 동계 올림픽이 열렸던 올림픽 슬라이딩 센터도 그중 하나입니다. 인공 트랙은 스케이트장의 빙판과 비슷하게 만듭니다. 먼저 콘크리트로 트랙의 모양을 만들고 그 바닥에 묻어 놓은 관으로 차가운 액체가 흐르게 해 냉각합니다. 온도가 충분히 내려가면 그 위에 물을 뿌려 얼음을 얼립니다.

빙판과 다른 점은 얼음을 깎는 방식입니다. 빙판은 평평하게 만들면 되지만 트랙은 '아이스 메이커'라 불리는 기술자가 얼음을 적당한 두께와 각도로 깎아 냅니다. 이때 얼음을 어떻게 깎느냐에 따라 썰매의 주행이 달라지지요. 실제 경기를 치르기 전에 테스트 주행을 거치며 개선점을 찾아 반영합니다.

아이스 메이커의 얼음 깎는 성향은 기록에 영향을 끼칠 수 있는 경기 외적인 요소입니다. 스키 슬로프처럼 썰매 트랙도 모두 똑같이 생긴 게 아니라 큰 틀에서 규정을 만족하기만 하면 경사도나 곡선 구간의 배치 등 세부적인 부분은 다릅니다. 현재 운영 중인 16개 트랙 역시 길이와 곡선 구간이 제각각입니다. 선수들은 주행을 많이 해 본 트랙이 익숙할 테니 홈 경기에서 좀 더 유

리하겠지요. 따라서 스키와 마찬가지로 세계신기록과 같은 보편적인 기록은 없고 트랙에 대한 기록만 있습니다. 대회 때는 그때그때 해당 코스에 대한 기록을 측정해 순위를 정합니다.

현재 운영 중인 썰매 트랙의 평균 길이는 약 1.5km입니다. 표고차, 즉 출발점과 도착점의 고도 차이는 110~130m이며, 평균 경사도는 약 9%입니다. 이 외에도 부분적으로 정해진 규정이 있습니다. 예를 들어, 출발 뒤 250m 지점을 지날 때의 속력은 시속 80km 이상이 되어야 하며, 끄트머리에서는 브레이크가 없어도 무사히 멈출 수 있도록 오르막이 있어야 한다는 등의 규정입니다.

각 트랙에는 곡선 구간이 14~19개 있습니다. 선수의 주행 실력이 드러나는 구간인 동시에 위험한 구간이기도 하지요. 우리나라의 올림픽 슬라이딩 센터에는 총 16개의 곡선 구간이 있습니다. 이 곡선 구간의 구부러진 정도와 배치 등은 해당 트랙의 개성이라고 할 수 있습니다. 선수들은 경기를 펼칠 트랙의 특성을 미리 검토하고 어떤 구간을 어떻게 통과할 것인지 전략을 세웁니다. 특히 곡선 구간을 얼마나 빨리 통과하는지는 최종 기록에 대단히 중요한 영향을 미칩니다.

여기서 잠깐! 제가 계속해서 최고의 경기력을 발휘할 수 있게 설계한 경기장을 소개하고 있는데요. 썰매 트랙은 경기력뿐만 아니라 안전까지 보장할 수 있어야 합니다. 경기장 조명도 그림자나 반사가 생기지 않도록 광량을 일정하게 내보내야 하지요. 이곳도 충돌을 완화하는 범퍼와 트랙 밖으로 튀어 나가지 않게 막아 주는 이탈방지벽 등의 안전장치를 완벽하게 설치했습니다.

　코스 설계에도 역시 심혈을 기울여야 합니다. 급격한 곡선 구간을 여기저기 배치해 놓는다고 경기가 재미있어지는 게 아니니까요. 너무 까다로운 코스는 사고를 불러올 수 있습니다. 곡선 구간에서 너무 빨라지거나 썰매가 트랙 밖으로 튀어 나가지 않도록 세심하게 설계해야 사고를 막을 수 있습니다.

정교한 곡선 구간의 원리

썰매가 최적의 상태로 주행할 수 있게 곡선 구간을 설계하려면 물리학과 수학이 필요합니다. 곡선 구간에서 썰매가 트랙을 벗어나게 되는 원인은 원심력입니다. 원심력은 회전하는 물체가 바깥쪽을 향해 받는 힘입니다. '-력'으로 표기하기 때문에 힘이라고 말했지만, 엄밀히 말해서 원심력은 실제로 존재하는 힘이 아닙니다.

썰매

움직이는 물체는 외부의 힘을 받지 않으면 직진하는 성질이 있습니다. 회전하는 물체 역시 마찬가지입니다. 물체는 계속 직진하려 하지만, 구심력이라고 하는 힘이 중심을 향해 끌어당기고 있기 때문에 원을 그리게 됩니다. 원심력은 이렇게 물체가 계속 직진하려고 하는 관성에 의해 나타나는 가상의 힘입니다.

만약 구심력보다 원심력이 커지면 물체는 바깥쪽으로 튀어 나갑니다. 돌멩이를 끈에 매달아 빙빙 돌린다고 생각해 봅시다. 끈이 끊어지면 관성에 의해 돌멩이가 그대로 날아가겠지요? 빙빙 돌지 않아도 곡선 구간을 달린다는 건 부분적으로 원 운동을 하는 것과 같습니다. 육상 경기장에 방문했을 때도 말했듯이, 곡선 구간이 지나치게 휘어져 있으면 빠른 속도로 달리던 선수가 바깥쪽으로 밀려나기 때문에 거리 면에서 손해를 보게 됩니다. 자동차나 기차도 곡선 구간에서 빠르게 달리면 도로나 철로를 벗어나 사고를 일으키겠지요.

썰매도 마찬가지입니다. 곡선 구간에서 너무 속도를 내면 트랙을 이탈하기 쉽습니다. 이를 막기 위해 곡선 구간의 곡률반지름과 얼음의 경사를 정교하게 설계해야 합니다. 곡률반지름이란 곡선이 있을 때 그 곡선과 가장 비슷한 원의 반지름을 말합니다. 곡선이 얼마나 휘었는지를 나타낼 수 있지요. 곡률반지름이 크면 회전이 완만하고 작으면 급하다고 보면 됩니다. 곡률반지름과 썰매의 속도를 알면 썰매가 받는 원심력을 구할 수 있습니다. 원심력은 물체의 질량과 속도의 제곱에 비례하고, 반지름에 반비례합니다. 이 공식을 이용해 원심력이 너무 커지지 않는 곡선 구간을 설계할 수 있습니다.

$$원심력 = \frac{질량 \times 속도^2}{반지름}$$

원심력이 강해도 얼음의 경사를 이용해 썰매가 트랙을 이탈하지 않게 할 수 있습니다. 자동차를 타고 가다 보면 회전이 급한 도로의 경우 바깥쪽이 높게 기울어 있는 모습을 볼 수 있습니다. 그건 구심력을 높이기 위해서입니다. 자동차나 자전거, 오토바이 등이 회전운동을 할 때 구심력으로 작용하는 건 마찰력뿐입니다. 앞선 돌멩이 예시처럼 끈에 매달아 빙빙 돌리는 게 아니니까요.

급격한 곡선 구간을 빠른 속도로 달릴 때 경사가 없다면 얼마 안 되는 마찰력만으로는 원심력을 억제할 수 없습니다. 하지만 안쪽보다 바깥쪽이 더 높게 도로에 경사를 만들면, 도로가 자동차를 수직으로 밀어내는 힘의 일부가 도로 안쪽으로 향하면서 이 힘까지 구심력으로 작용합니다. 경사가 90도에 가까울수록 도로 안쪽으로 작용하는 힘이 커집니다.

썰매

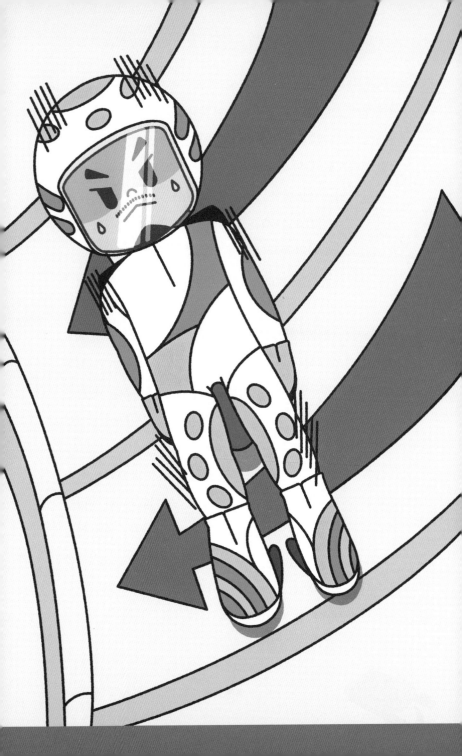

이론상 트랙 바닥이 수직이 될 정도로 경사를 급하게 만들면 썰매가 아무리 빨라도 트랙에서 이탈하지는 않겠지요. 물론 그렇게 할 수는 없습니다. 트랙 설계 규정에 따르면, 썰매가 2초 동안 연속으로 5G의 원심력을 받도록 설계해서는 안 됩니다. 여기서 G는 지구의 중력이라고 이해하면 됩니다. 1G가 우리가 평소에 받는 중력이므로 5G는 그 다섯 배입니다. 즉, 5G의 힘을 받는다는 건 갑자기 우리 몸무게가 다섯 배로 늘어난다는 것과 같습니다. 몸무게가 50kg인 사람이라면 250kg의 무게를 견뎌야 하는 셈입니다.

전투기가 급상승할 때 조종사가 받는 힘이 5~9G라고 합니다. 인간은 9G 이상에서 오래 버틸 수 없기 때문에 전투기도 그 이상으로 가속도를 내지 않도록 설계합니다. 전투기 조종사만큼은 아니어도 5G의 힘을 받는다는 게 보통 일은 아닙니다. 일반인이 썰매 종목에 쉽게 다가가기 어려운 이유 중 하나지요.

어휴, 지금 제 옆으로 지나가는 썰매를 보고 있으면 감히 시도해 볼 엄두가 나지 않습니다. 아무리 안전하게 설계한 경기장이라고 해도 저 같은 문외한에게는 무리겠지요. 물론 일반인도 전문가의 안내를 받아 체험해 볼 수는 있습니다. 혹은 좀 더 짧고 느린 썰매 트랙을 많이 건설한다면, 봅슬레이, 스켈레톤, 루지가 더욱 대중화될 수 있을지도 모르겠네요. 일반인의 입장에

서는 이쪽이 좀 더 바람직해 보이기도 합니다. 언젠가 저도 고속
도로의 자동차보다 빠르게 질주하는 썰매를 맨몸으로 조종하는
스릴을 느껴 볼 수 있기를요!

　이번에 함께 가 볼 경기장은 가장 작은 스포츠 경기장일 듯
합니다. 얼마나 작은지 한 명이 들어가면 꽉 차니까요. 경기
장 자체를 책상이나 탁자에 올려 놓을 수도 있습니다. 그런데
어떻게 생각하면 아주 커다란 경기장이기도 합니다. 이 경기
장 안에는 우주가 통째로 들어가기도 하니까요.

　도대체 무슨 소리냐고요? 제가 소개하려는 경기는 바로
바둑과 체스입니다. 비록 겉보기에는 격렬하지 않지만 머릿
속에서 치열한 싸움이 벌어지는 체스와 보드게임도 흔히 바
둑과 같은 두뇌 스포츠 또는 마인드(정신) 스포츠로 분류합
니다. 탁월한 전략가들 사이에서 최고의 수를 두기 위해서는
오랜 수련이 필요하지요. 그중 바둑은 대표적인 두뇌 스포츠
라고 할 수 있습니다.

공자와 맹자, 관우도 사랑한 바둑

바둑은 두 명의 기사가 가로줄과 세로줄이 교차하는 납작한 판 위에 흑백의 바둑돌을 하나씩 번갈아 두면서 더 많은 집을 차지하는 놀이입니다. 내 돌로 둘러싼 공간이 내 집이 되는 겁니다. 이렇게 설명하면 간단한 게임 같지만, 그 안에서 나올 수 있는 수와 전략은 무궁무진합니다. 그래서 흔히 반상(바둑판 위)에 우주가 있다고 표현합니다. 제가 경기장 안에 우주가 통째로 들어간다고 한 것도 바로 이 말이었습니다.

바둑의 발상지는 중국입니다. 고대 중국의 요임금이 아들에게 규율을 가르치기 위해 바둑을 만들었다는 이야기가 전해 내려오고 있지요. 이 전설이 맞다면 바둑의 역사는 4,000년쯤 되는 셈입니다. 하지만 요임금은 전설 속의 인물로 실존 여부가 확인된 바 없습니다.

바둑에 관한 좀 더 확실한 기록은 춘추전국시대였던 기원전 4~5세기에 등장합니다. 공자와 맹자도 바둑에 관해 언급한 것을 보면 이때는 이미 바둑이 하나의 놀이로서 자리를 잡고 있었다고 볼 수 있습니다. 《삼국지》에서도 관우가 독화살을 맞고 뼈를 긁아 내는 시술을 받으며 태연하게 바둑을 두었다는 일화가 나오지요. 그러니 바둑이 매우 오래된 놀이라는 사실만큼은 분명합니다. 이후에는 한국과 일본도 바둑을 받아들여 즐겼습니다. 오늘날 바둑이 가장 활성화된 곳이 바로 동아시아의 한중일 삼국이지요. 대만, 태국, 미국, 유럽에서도 바둑을 두고 있지만, 사실상 세 나라가 바둑의 대표 주자입니다.

　나라별로 승부를 가르는 규정이 조금씩 다르기 때문에 국제 대회를 치를 때는 대회가 열리는 국가의 규정이나 사전에 합의한 규정을 따릅니다. 2010년 광저우 아시안게임에서는 바둑이 정식 종목으로 채택되어 다른 스포츠와 더불어 경기를 치렀습니다. 그 뒤 제외되었다가 2022년 항저우 아시안게임에서 다시 채택되었습니다. 앞으로도 계속 정식 종목이 될 수 있으면 좋겠네요.

최고의 바둑판은 비자나무로

바둑의 경기장은 바둑판과 흑백의 바둑돌로 이루어져 있어 단출합니다. 승부를 겨루는 두 기사는 각각 흰 돌 또는 검은 돌을 가지고 대국에 임하지요. 바둑을 둘 때 아무리 유념해도 알아채기 어려운 점이 하나 있는데, 바로 검은 돌과 흰 돌의 크기가 미세하게 다르다는 섬입니다. 검은 돌의 지름이 약 0.2~0.3mm

색깔에 따른 착시 효과를 고려해 바둑돌을 제작하기 때문에
흑돌과 백돌의 크기에는 미세한 차이가 있다.

정도 더 크지요. 흰 돌의 지름이 22mm라면, 검은 돌의 지름은
22.2mm 정도입니다.

이런 차이는 왜 나타날까요? 같은 크기일 경우 검은색이 흰색
보다 작아 보이기 때문입니다. 색의 차이에 따른 효과는 패션 분
야에서 흔히 발견할 수 있습니다. 어두운 옷을 입으면 좀 작아
보이는 효과가, 반대로 밝고 따뜻한 계열의 색을 입으면 더 커
보이는 효과가 있지요. 이를 이용해 자신에게 어울리는 옷을 고
를 수 있습니다.

두 기사 사이에는 바둑판이 놓입니다. 평평한 나무로 만든 바둑판 위에는 가로와 세로줄이 각각 열아홉 개씩 그어져 있습니다. 과거에는 열일곱 줄짜리 바둑판도 많이 사용했는데 오늘날에는 열아홉 줄 바둑판이 대부분입니다. 바둑판에는 일부 교차점이 둥근 원으로 표시되어 있습니다. 바로 가로와 세로 양 끝에서 네 번째 줄과 가운데 있는 열 번째 줄의 교차점입니다. 예전에는 꽃문양으로 그 점을 표기했다고 해서 화점이라고 부릅니다. 화점은 모두 9개가 있고, 정중앙에 있는 점은 천원이라고도 합니다.

바둑을 둘 때는 보통 귀퉁이에 있는 화점 근처에 먼저 돌을 놓습니다. 바둑돌로 둘러싼 공간이 집이 된다는 점을 고려하면 바둑판 귀퉁이에 돌을 놓는 게 유리합니다. 귀퉁이에서는 적은 돌로도 넓은 집을 좀 더 쉽게 확보할 수 있기 때문이지요. 예를 들어, 바둑판 한복판에서는 교차점 하나를 둘러싸려면 위아래와 좌우를 모두 막아야 하므로 돌 네 개가 필요합니다. 하지만 가장 귀퉁이에 있는 교차점 하나를 둘러싸려면 돌 두 개만 있어도 됩니다.

귀퉁이 다음으로는 바둑판의 테두리인 네 변 근처에 두는 게 낫습니다. 가장 가장자리 변에 있는 교차점 하나는 돌 세 개로 둘러쌀 수 있으니까요. 중앙으로 갈수록 집을 만들기가 더 어려워지니 귀퉁이, 그다음으로는 변, 그다음에 중앙으로 진출하는 게 집을 확보하는 데 더 유리합니다. 물론 일반적으로 그렇다는 이야기지 그게 유일한 전략은 아닙니다.

가정에서는 접이식의 납작한 바둑판을 흔히 볼 수 있습니다. 그 뒷면은 장기판입니다. 바둑 애호가의 집 혹은 기원을 방문한다면 근사하게 생긴 고급 바둑판을 볼 수도 있습니다. 어떤 바둑판은 네 다리가 달렸고, 굉장히 두껍고 육중한 원목으로 만들어졌지요.

바둑판의 재료가 되는 나무는 다양한데, 그중에서도 비자나무를 최고로 칩니다. 색이 곱고 나이테가 조밀하며 표면이 매끄러워 손에 닿는 촉감이 좋습니다. 또한 탄력이 좋아 바둑돌을 놓을 때 맑고 청아한 소리가 나지요. 교차점에 생긴 홈도 시간이 지나면 사라져 평평해지는데, 이는 비자나무의 재질이 연하기 때문입니다. 그래서 최고급 비자나무 바둑판은 가격이 억대를 호가한다고 합니다.

수학적으로 풀리지 않는 바둑

값비싼 비자나무 바둑판이 최고의 바둑 경기장이라고 할 수 있겠지만, 다른 스포츠와 달리 바둑은 바둑판과 무관하게 얼마든지 멋진 대국을 펼칠 수 있습니다. 알까기를 하며 노는 접이식 바둑판이나 동네 공원의 손때 묻은 바둑판이라고 해도 상관없습니다. 심지어 종이에 직접 바둑판을 그려도 됩니다. 바둑의 오묘함은 바둑판의 재료나 제작 기술이 아니라 그 원리 자체에 있기 때문입니다.

19×19 바둑판에는 교차점이 모두 361개 있습니다. 각각의 교차점에는 흰 돌이나 검은 돌을 놓거나 아무 돌도 놓지 않을 수 있습니다. 세 가지 경우가 가능하지요. 그러면 바둑판에 돌을 놓는 경우의 수를 알 수 있습니다. 바로 3^{361}입니다. 계산하면, 약 $1.7×10^{172}$이라는 어마어마한 수가 나옵니다. 그런데 이건 경우의 수를 모두 계산한 수치이고, 실제 가능한 경우의 수는 이보다 작습니다. 돌을 무작위로 놓는 게 아니라 경기의 흐름과 전략에 따라 놓기 때문입니다. 예를 들어, 사방이 둘러싸인 빈 교차점에는 돌을 놓을 수 없겠지요?

네덜란드의 컴퓨터 과학자 존 트롬프는 돌을 놓을 수 없는 상황을 고려한 경우의 수를 계산했습니다. 그 결과는 약 $2.08×10^{170}$이었습니다. $1.7×10^{172}$보다는 작지만, 여전히 상상할 수 없을 정도로 큰 수입니다. 과학자들은 우주에 있는 원자의 수를 약 10^{80}개로 추정하는데요. 바둑에서 가능한 경우의 수에 훨씬 못

미치는 수준입니다. 이와 같은 바둑의 방대함과 오묘함 때문에 사람들은 오랫동안 컴퓨터가 바둑으로 사람을 이기는 것은 불가능하다고 생각했습니다.

그러나 그런 생각도 이제는 옛말이 되어 버렸습니다. 2016년 서울의 한 호텔에서 구글 딥마인드 챌린지 매치가 열렸습니다. 바둑 두는 인공지능인 알파고와 우리나라 최고의 바둑 기사였던 이세돌 9단이 대국을 벌였는데, 예상과 달리 알파고가 4 대 1로 승리를 거두었습니다. 충격적인 결과였지요. 알파고는 계속 바둑을 학습하며 실력을 더 쌓았고, 그 이후의 대국에서도 인간 기사를 모조리 격파했습니다. 결국 이세돌은 인공지능을 한 번이라도 이긴 최후의 바둑 기사가 되었습니다.

인공지능이 인간을 능가하자 많은 사람이 바둑의 쇠퇴를 걱정했습니다. 바둑에 대한 흥미가 떨어지지 않을까 말이지요. 다행히 인공지능의 바둑은 바둑 전략을 개발하는 데 새로운 자극이 되었습니다. 비록 이제는 사람이 인공지능을 꺾을 수 없다고 해도 수학적으로 생각하면 바둑은 여전히 풀리지 않은 문제입니다. 여기서 풀 수 있다는 건 수학적으로 반드시 이기는 전략을 찾을 수 있다는 뜻입니다. 상대가 어떻게 해도 내가 이기는 방법이 있다면 그 게임은 수학적으로 풀린다는 것이지요.

예를 들어, 틱택토는 수학적으로 풀 수 있는 대표적인 게임입니다. 틱택토는 3×3의 정사각형 판에 두 사람이 번갈아 말을 놓으며 자신의 말 세 개를 일직선으로 배치하면 이기는 게임인데요. 게임 판이 작아서 굳이 판이 없어도 종이에 쉽게 그려서 할 수 있습니다. 오목을 축소한 게임이라고도 볼 수 있지요. 그래서 틱택토를 삼목이라고 부르기도 합니다. 틱택토에는 무조건 이기거나 최소한 비길 수 있는 전략이 존재합니다. 이 전략을 안다면 절대 지지 않습니다. 두 사람 모두 전략을 알고 있다면, 결과는 무승부가 되겠지요. 틱택토같이 경우의 수가 적은 단순한 게임은 수학적으로 풀 수 있습니다.

수학적으로 풀리는 게임의 또 다른 사례로는 커넥트포 혹은 사목이라고 부르는 보드게임이 있습니다. 커넥트포는 전략만 알고 있다면 먼저 말을 두는 사람이 반드시 이길 수 있습니다. 그보다 훨씬 복잡한 체커도 2000년대 들어 수학적으로 풀렸습니다. 체커는 8×8칸의 판 위에서 흑백의 돌을 움직여 싸우는 보드게임인데요. 슈퍼컴퓨터로 20년 가까이 계산한 끝에 체커에서 나올 수 있는 모든 경우의 수를 확인했습니다. 그 결과 두 선수가 최선의 전략을 사용할 경우 무조건 무승부로 끝난다는 사실이 드러났지요.

그러나 바둑에서 나올 수 있는 경우의 수는 그보다 훨씬 더 큽니다. 앞서 언급했듯이 우주 전체의 원자 수보다 10^{90}배나 됩니다. 바둑을 수학적으로 푸는 것, 즉 최선의 전략을 찾는 것은 우리 인류가 멸망하기 전에 결코 끝나지 않을지도 모릅니다. 물론 그런 전략이 아예 없을 수도 있고요. 이제 바둑판 위에 우주가 있다는 표현이 이해가 가나요?

체스판에서 보는 평면좌표계

서양장기로도 불리는 체스 역시 바둑만큼은 아니지만 경우의 수가 무궁무진합니다. 역시 수학적으로 풀리지 않은 게임이기도 합니다. 다만 바둑보다도 먼저 컴퓨터에 인간이 역전당한 사례가 있습니다.

1997년 미국 IBM사가 만든 슈퍼컴퓨터 딥블루는 당시 체스 세계 챔피언이었던 러시아의 게리 카스파로프와 대결해 승리했습니다. 컴퓨터가 체스로 인간을 이긴 첫 번째 사례이자, 알파고가 이세돌에게 승리를 거두기 거의 20년 전의 일이었습니다. 그 뒤로 체스 소프트웨어는 발전했고, 이제는 더 이상 인간이 컴퓨터를 이기기는 어렵게 되었지요.

바둑보다는 작지만, 체스에서 나올 수 있는 경우의 수도 엄청나게 큽니다. 먼저 두는 사람이 선택할 수 있는 경우의 수는

20가지입니다. 그다음에 두는 사람 역시 20가지입니다. 그러니 각자 한 번씩만 두어도 모두 400가지의 경우가 나옵니다. 두 수씩 둔 뒤에는 7만 2,084가지, 세 수씩 둔 뒤에는 2,880억 가지 이상의 경우가 나오지요.

그런데 체스 경기에서 나올 수 있는 모든 경우의 수는 확실하지 않습니다. 이 이야기를 할 때 흔히 언급하는 수가 10^{120}인데요. 20세기 컴퓨터 과학자 클로드 섀넌이 〈체스 두는 컴퓨터 프로그래밍(Programming a Computer for Playing Chess)〉이라는 논문에서 이야기한 수입니다. 그래서 이 수를 섀넌의 수라고 부릅니다. 바둑의 경우의 수인 2.08×10^{170}보다는 작지만, 여전히 우주의 원자 수보다 큰 어마어마한 수입니다. 인간이 멸종할 때까지 체스를 둔다고 해도 일부러 따라하지 않는 한 똑같은 경기가 두 번 나오기는 어렵지요.

체스는 사실 두 선수가 경기를 끝내지 않기로 마음먹고 기물을 이리저리 왔다 갔다 하기만 하면 경우의 수를 얼마든지 늘릴수 있습니다. 바둑은 더 이상 둘 곳이 없으면 자연스럽게 대국이 끝나지만, 체스는 킹이 잡히지 않는 한 계속 둘 수 있지요(실제로는 그렇게 늘어지는 경기를 막기 위한 규정이 있습니다).

이런 차이는 경기를 기록하는 방식에서도 차이를 만듭니다. 바둑이나 체스에서 돌이나 기물의 움직임을 기록한 것을 기보라고 하지요. 여러분은 바둑이나 체스의 기보를 본 적이 있나요? 그렇다면 어떻게 다른지 알고 있을 겁니다. 바둑의 기보는 간단합니다. 대국이 끝난 바둑판의 모습을 그대로 그린 뒤 각각의 바둑돌이 놓인 순서대로 숫자를 써 넣습니다. 한번 놓은 바둑돌은 움직이지 않으니 그림 한 장에 경기 전체를 기록할 수 있습니다.

체스는 이야기가 다릅니다. 기물이 체스판 위에서 이리저리 움직인다는 점을 고려해야 하지요. 이 움직임을 나타내기 위해 대수기보법을 사용합니다. 이름만 보면 수 대신 문자를 사용해서 문제를 단순화해 풀어내는 방법을 연구하는 대수학이 떠오릅니다. 하지만 실제로는 별로 관련이 없습니다. 관련이 있는 듯하지만, 그렇지 않지요.

대수기보법에서는 좌표를 이용합니다. 좌표란 공간상의 위치를 수로 나타내는 체계입니다. 학교에서는 보통 x, y, z축으로 위치를 나타내는 데카르트 좌표계를 배웁니다. 체스판은 평면이므로 축이 두 개만 있으면 됩니다. 대수기보법에서는 가로축을 알파벳 a~h로, 세로축을 숫자 1~8로 씁니다. 왼쪽이 a로, 아래쪽이 1로 시작합니다. 따라서 b5라고 하면 왼쪽에서 두 번째이자 아래에서 다섯 번째 칸이 됩니다.

여기에 각 기물을 뜻하는 알파벳을 더합니다. 킹은 K, 퀸은 Q

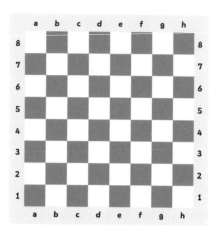

체스에서는 체스판의 가로축은 알파벳으로, 세로축은 숫자로 표현해 경기 내용을 기록한다.

와 같은 식이지요. 예를 들어, Qe4라고 하면 퀸이 e열 4행으로 이동했다는 뜻이 됩니다. 룩처럼 같은 기물이 두 개 있는 경우에는 헷갈리지 않느냐고요? 걱정하지 않아도 됩니다. 기물이 도착한 칸을 보면 어떤 룩이 움직인 건지 알 수 있으니까요. 만약 두 개의 룩 모두 그 칸으로 이동할 수 있다면, 움직인 룩이 있었던 행을, 행도 같으면 열을 먼저 적고 움직인 칸을 표시합니다. 예컨대 Rac4는 a열에 있던 룩이 c열 4행으로 이동했다는 뜻이 됩니다.

여기에 다른 기물을 잡았거나 체크메이트(상대 킹이 잡힐 수밖에 없는 상황) 등의 경우에 덧붙이는 몇 가지 기호가 더 있습니다. 그러면 기호만 보고도 경기가 어떻게 흘러갔는지 알 수 있지요. 이를 이용해 우편이나 전화로 체스를 두기도 하고, 고수라면 체스판을 머릿속에 떠올린 채 말로만 체스를 둘 수도 있습니다. 상상만으로 체스판도 없이 체스를 두다니 대단하지 않나요?

수학자도 고민하는 두뇌 퍼즐

바둑판과 체스판은 부담 없이 펼쳐 놓을 수 있어 다른 놀이에도 쓰이곤 합니다. 알까기 놀이도 그중 하나지요. 그보다 좀 더 머리를 쓰게 하는 놀이도 할 수 있습니다. 오목도 그렇고, 앞서 다룬 틱택토도 바둑판과 바둑돌로 할 수 있는 놀이입니다. 사고력을 키우기 위한 문제도 만들 수 있지요.

체스의 경우 대표적으로 나이트 기물을 사용하는 '나이트 여행'이 있습니다. 나이트는 체스 기물 중에서도 움직이는 방식이 독특합니다. 상하좌우로 한 칸 움직인 뒤 대각선으로 한 칸 움직이며, 유일하게 다른 기물을 뛰어넘을 수 있습니다. 나이트 여행은 체스판의 어느 한 칸에서 나이트가 출발해 체스판의 다른 모든 칸을 지나는 경로를 찾는 문제입니다. 모든 칸을 지나 출발점으로 되돌아오면 닫힌 여행, 그렇지 않으면 열린 여행이라고 부

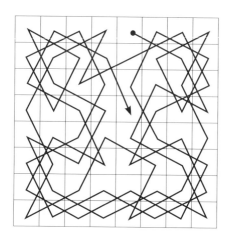

나이트의 이동 경로를 찾아내는 '나이트 여행' 문제 풀이의 예시.

릅니다. 나이트 여행의 해법은 무수히 많습니다.

또 다른 문제로 '여덟 퀸'이 있습니다. 체스판에 퀸 여덟 개를 배치하는데, 이때 어떤 퀸도 다른 퀸을 공격할 수 있는 위치에 있어서는 안 됩니다. 문제를 푸는 사람은 이런 퀸의 배열을 찾아야 합니다. 여덟 퀸에도 여러 가지 해법이 있습니다. 이 문제를 일반화하면 n×n칸의 체스판에 퀸 n개를 배치하는 문제가 됩니다. 혹은 체스판에 나이트 32개 혹은 비숍 14개를 배치하는 변형 문제도 있습니다.

바둑판과 체스판을 이용해 이처럼 머리를 써 가며 다양한 놀이나 경기를 즐길 수 있습니다. 바둑과 체스 경기는 너무 어려워

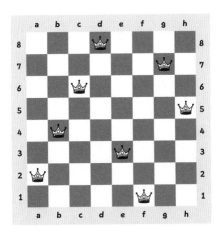

8×8 체스판에 8개의 퀸을 배치하는 '여덟 퀸' 문제 풀이의 예시.

서 이해하지 못하겠다면, 방금 언급한 퍼즐(문제)로 뇌를 자극해
주면 어떨까요? 근육처럼 뇌도 쓰면 쓸수록 단련이 된다고 하니
신체 운동뿐만 아니라 뇌 운동도 생활화해 보는 거예요.

이제 우리의 경기장 투어도 막바지에 이르렀습니다. 마지막으로 찾아온 이 경기장에서는 가장 역사가 짧은 스포츠 경기가 펼쳐지고 있네요. 수십 년 전만 해도 대부분의 사람이 이런 스포츠가 생기리라고는, 그리고 그 경기를 수많은 사람이 관람할 줄은 상상하지 못했습니다. 무슨 스포츠인지 짐작이 가시지요? e스포츠, 바로 게임입니다.

프로 선수를 꿈꾸는 여러분 중에는 프로게이머가 되기 위해 전문 학원을 다니며 준비하는 사람도 있을 거예요. 언젠가 저희 센터에서 명경기를 펼치는 날이 오기를 기대하며 이곳을 꼼꼼히 소개해 보겠습니다. 모니터 화면 속에서 펼쳐지는 e스포츠 경기는 아무래도 다른 스포츠와 다르겠지요? 어떻게 다른지 구석구석 살펴봅시다.

나도 페이커가 되고 싶어요

여러분은 어떤 게임을 좋아하나요? 리그오브레전드? 배틀그라 운드? 철권? 혹은 피파 같은 스포츠 게임? 취향에 따라 다르겠 지만, 요즘에는 각자 즐기는 게임이 한두 개씩은 있는 편이지요. 저도 틈나면 게임을 즐기곤 하는데요. 좋아하는 게임의 프로팀 이나 프로게이머를 응원하는 사람도 많습니다.

e스포츠의 시작이라고 하면 흔히 1990년대 말이나 2000년대 초를 떠올리겠지만, 최초의 게임 대회가 열린 건 1972년이었습 니다. 1962년 처음 개발되어 널리 인기를 끌었던 '스페이스워!' 대회였지요. 이 대회의 우승 상품은 음악, 정치, 대중문화를 다 루는 잡지 〈롤링 스톤〉의 1년 구독권이었답니다.

당시에는 아케이드 비디오 게임이 주류였습니다. 오락실에서 볼 수 있는 오락기를 생각하면 됩니다. 게임 제작사는 자사 게임 을 홍보하기 위해 대규모 게임 대회를 개최했습니다. 1970년대 후반에 나온 '스페이스 인베이더'가 대표적이지요. 1980년에 미 국에서 열린 '스페이스 인베이더' 대회는 무려 1만 명 이상이 참 가한 당대 최대 규모의 게임 대회였습니다. 가장 높은 점수를 내 는 사람을 가리기 위해 승부를 겨루었습니다. 오락실에서 이런 게임을 해 본 사람이라면 기록을 세우고 자신의 이름을 입력할 때의 짜릿함을 알고 있을 겁니다. 누가 내 이름을 아래로 밀어낸 것을 보면 승부욕이 불타오르지요.

이후 가정용 컴퓨터와 게임기가 보급되고, 1990년대 중후반부터 인터넷이 전 세계를 연결하기 시작하면서 e스포츠의 양상은 크게 달라졌습니다. 이제는 집에서도 다른 나라에 있는 게이머와 대결할 수 있게 된 것이지요.

e스포츠의 역사에서는 한국을 빼놓을 수 없습니다. e스포츠라는 단어 역시 우리나라에서 처음 쓰기 시작했으니까요. 1997년 외환 위기를 극복하기 위해 정부는 인터넷 도입에 힘썼고, 이에 따라 피시방이라는 새로운 산업이 급속도로 성장했습니다. 그리고 때마침 스타크래프트라는 게임이 출시되어 엄청난 인기를 끌었습니다.

2000년대 들어서는 온게임넷과 MBC게임과 같이 e스포츠를 전문으로 방송하는 케이블 채널도 생겨 정기적으로 스타크래프트를 비롯한 여러 게임 경기를 중계하기 시작했습니다. 이 당시에 크게 활약했던 임요환, 홍진호 같은 스타크래프트 프로게이머들은 연예인과 같은 인기를 끌기도 했습니다. 다만 이때만 해도 프로게이머에 대한 사회의 인식이 좋지 않았습니다. 일부 기성세대는 프로게이머를 게임에 중독된 철없는 사람으로 보기도 했지요.

하지만 지금은 인식이 매우 달라졌습니다. 인기 종목의 프로 게이머는 젊은 나이에 부와 명예를 얻습니다. 리그오브레전드 프로게이머인 페이커는 그 게임을 하지 않는 사람이라고 해도 한번쯤은 이름을 들어 봤을 정도지요. 오늘날에는 많은 청소년 이 페이커와 같은 프로게이머를 선망합니다. 그만큼 경쟁도 더 욱 치열해졌습니다. 모든 스포츠가 그렇듯이 최고가 되기 위해 서는 험난한 과정을 거쳐야 합니다. 뛰어난 재능과 함께 엄청난 노력이 뒷받침되어야 성공의 길을 걸을 수 있겠지요.

몰입감을 위한 대형 디스플레이

e스포츠는 컴퓨터나 게임기만 있으면 어디서든 치를 수 있습니 다. 그래서 굳이 전용 경기장이 필요할까 싶을 수도 있지만, 그 건 짧은 생각입니다. 게임은 모니터 안에서 이루어지므로 관중 이 경기를 감상하려면 게임 상황을 중계하는 화면이 필요합니 다. 선수의 동작을 보아야 하는 다른 스포츠와 달리 e스포츠는 게임 화면을 보아야 선수의 활약을 감상할 수 있습니다.

바둑이나 체스도 판 위의 상황을 보여 주는 화면이 있어야 많 은 사람이 대국을 감상할 수 있지만, 바둑과 체스는 움직임이 그

다지 많지 않습니다. 이와 달리 게임은 움직임이 많고 빠르며, 봐야 하는 화면의 종류가 많습니다. 중계 화면, 각 선수의 모니터 화면, 경기 이해에 도움이 되는 각종 통계와 같이 다양한 정보를 보여 줘야 합니다.

화면이 잘 보이지 않는다면 현장의 관중이 경기를 관람하기 어려워지므로 e스포츠 경기장을 지을 때는 대형 디스플레이 설치에 심혈을 기울입니다. 얼마나 큰 디스플레이를 어디에 어떤 각도로 설치하느냐에 따라서 경기에 대한 몰입도가 달라지기 때문입니다. 보통 e스포츠 경기장에는 대형 LED 디스플레이가 쓰입니다. LED는 발광 다이오드(Light Emitting Diode)의 약자인데, 정해진 방향으로 전압을 가했을 때 빛을 내는 반도체 소자를 말합니다. 아마 일상에서 많이 들어 봤을 거예요. 요즘에는 상당수의 가정용 조명이나 TV 등에 LED를 사용하거든요.

LED는 소재에 따라 여러 가지 색을 낼 수 있습니다. 빛의 삼원색, 즉 적색, 녹색, 청색 LED를 만든다면, 이를 조합해 모든 색을 나타낼 수 있다는 생각이 자연스럽게 떠오릅니다. 그런데 비교적 일찍 개발된 적색과 녹색 LED와 달리 청색 LED는 유독 만들기가 어려웠습니다. 1990년대에 들어서야 일본의 나카무라 순지가 실용적으로 쓸 만한 고휘도 청색 LED 개발에 성공했지요. 나카무라 순지는 청색 LED를 개발한 공로로 2014년 노벨 물리학상을 공동 수상했습니다.

여기서 하나 바로잡고 가야 할 점이 있습니다. LED TV와 LED 디스플레이에는 차이가 있습니다. LED TV에서 LED는 백라이트 역할을 합니다. LED 자체가 여러 가지 색을 내지는 않습니다. LED 백라이트에서 나온 빛은 액정과 그 앞의 컬러 필터를 통과하며 우리 눈에 들어옵니다. 각각의 화소에는 적색, 녹색, 청색 컬러 필터가 배치되어 있고, 액정으로 각각의 필터를 통과하는 빛의 양을 조절해 다양한 색을 내는 원리입니다. 백라이트가 LED일 뿐 사실 액정 디스플레이(LCD)와 큰 차이가 없지요. 이와 달리 지금 이 경기장에서 우리가 보고 있는 대형 LED 디스플레이는 각각의 화소에 삼원색을 내는 LED 램프가 있어 자체적으로 빛을 냅니다.

이런 LED 디스플레이에는 여러 가지 장점이 있습니다. 대표적으로 응답 속도가 빠르고 초당 프레임 수가 많습니다. 프로게이머는 APM(분당 조작 횟수)이 수백을 넘어갑니다. 1분에 수백 번의 조작을 가한다는 뜻입니다. 이렇게 빠른 경기 진행을 디스플레이가 따라가지 못한다면, 경기를 제대로 관람하기 어렵겠지요? 최신 LED는 경기를 시간 지연이나 잔상, 흐릿해지는 현상 없이 선명하게 보여 줄 수 있습니다. 게다가 밝기가 밝고 색 표현이 정확하며 명암비가 높아 세부적인 부분을 더욱 자세히 볼 수 있습니다. 디스플레이 여러 개를 이을 때도 베젤(테두리)이 얇아서 거의 이음매 없이 더 큰 디스플레이를 구성할 수 있지요. 플렉서 블 디스플레이를 이용해 구부러진 화면을 만들기도 합니다.

자, 어디 한번 보시지요. 화려한 게임 화면이 내 주위를 감싸고 있는 압도적인 느낌! 진정한 몰입감이 느껴지지 않습니까? 선수 들이 조종하는 캐릭터가 마치 살아 있는 것처럼 느껴집니다.

≡ AR과 VR이 제공하는 새로운 경험 ≡

경기장을 찾은 관중도 대형 디스플레이로 TV 중계와 같은 영상 을 보게 된다는 특성상 경기장과 중계 기술은 떼어 놓기 어렵습 니다. 현장을 찾은 관중이나 집에서 중계를 보는 관중 모두 현장 감과 생동감, 화려함을 느낄 수 있도록 다양한 기술을 접목하고 있습니다.

그중 하나가 증강현실(AR)입니다. 증강현실은 현실과 가상현 실의 중간쯤 되는 개념입니다. 현실 세계의 모습에 컴퓨터로 만 든 가상의 물체 따위를 겹쳐서 보여 주는 것이지요. 현실에 정보 를 증강해 제공하기 때문에 증강현실이라고 부릅니다. 증강현실 은 이미 많은 곳에서 쓰이고 있습니다. 대표적으로 2017년 무렵 큰 화제가 되었던 증강현실 게임 '포켓몬GO'가 있지요. 포켓몬 GO는 카메라를 통해 보이는 실제 세계의 모습 위에 포켓몬 캐릭터의 모습을 입혀 마치 우리가 사는 세상에 포켓몬이 존재하는 것 같은 느낌을 주며 선풍적인 인기를 끌었습니다.

e스포츠 세계에서 증강현실은 화려한 연출로 오프닝을 장식하거나 생중계 화면에 경기와 관련된 심층적인 정보를 제공하는 데 쓰입니다. 2017년 리그오브레전드 월드챔피언십, 이른바 '롤드컵' 오프닝 무대에서는 게임 속 몬스터인 장로 드래곤이 등장해 하늘에서 날아와 착지하는 위엄 있는 모습을 보여 주었습니다.

이런 기술이 점점 발전하면, e스포츠를 관람하는 경험에 계속해서 새로움을 덧붙일 수 있습니다. 어떤 선수의 전적이나 플레이 경향 같은 정보도 굳이 중계 화면에 나오기를 기다릴 필요가 없습니다. 스마트폰을 켜서 선수의 모습을 화면에 담으면 선수를 인식해 정보 창이 떠오르는 방식의 증강현실 기술도 가능하니까요.

그렇다면 가상현실(VR)은 아예 경기장 안팎의 경계를 무너뜨릴 수도 있습니다. 가상현실은 가상으로 구축한 세계를 말하는데요. 경기장에 설치된 VR카메라로 찍은 영상을 보며 마치 현장에 직접 간 듯한 느낌을 줄 수도 있습니다. VR카메라는 상하좌우 방향을 촬영할 수 있는 360도 카메라와 같습니다.

먼저 카메라를 일정한 간격을 둘러서 배치한 후 동시에 영상을 촬영합니다. 그 뒤에 각각의 카메라로 찍은 영상을 자연스럽게 이어 붙이는 '스티칭' 과정을 거쳐 360도 영상을 만듭니다. 사용자는 커다란 고글처럼 머리에 쓰는 헤드마운트디스플레이(HMD)를 착용해서 영상을 볼 수 있습니다. HMD에는 가속도 센서가 장착되어 고개를 돌리면 그에 맞춰 영상이 움직입니다. 진짜 그 현장에 있는 것과 같은 광경을 볼 수 있지요. 우리나라에서도 이런 기술을 이용해 배틀그라운드나 리그오브레전드 경기를 중계한 사례가 있습니다.

사실 가상현실에는 불가능이 없습니다. 현장에서 촬영한 360도 영상은 실제 모습을 찍은 것이지만, 진정한 가상현실은 컴퓨터 그래픽으로 아예 새로운 공간을 만든 것이니까요. 가상현실이 충분히 발전하면, 경기장 현장에서부터 게임 속 가상 공간까지 자유롭게 넘나들 수 있습니다. 그러면 게이머가 조종하는 캐릭터의 시선으로 경기를 본다거나 경기 안에 들어가 시선을 마음대로 바꾸어 가며 경기를 볼 수도 있을 겁니다. 상상할 수 있는 거의 모든 형태의 관람이 가능해지니 e스포츠 팬들에게는 꿈과 같은 일이 아닐까요?

더욱 잘 들리게, 더욱 안 들리게

e스포츠 경기장에는 한 가지 특이한 점이 있습니다. 무릇 스포츠 경기장이라면 관중의 함성이 우렁차게 울려야 제맛이지요. 그런데 e스포츠는 함성뿐만 아니라 게임의 사운드나 중계진의 해설까지 함께 들을 수 있습니다. 축구장 같은 다른 스포츠 경기장에서는 일부러 방송을 함께 듣지 않는 한 어려운 일입니다.

경기장에서 현장감을 생생하게 느끼는 데는 음향이 매우 중요합니다. 함성만 들리는 곳이라면 음향에 큰 신경을 쓰지 않아도 되지만, 해설을 비롯한 여러 소리를 구석구석 생생하게 전달하려면 디스플레이나 증강현실 기술 못지않게 음향 시스템에도 투자해야 하지요.

여기서 문제가 생깁니다. 경기장의 소리가 게이머의 경기에 영향을 끼친다는 겁니다. 다른 스포츠와 달리 게임은 상대방이 지금 무엇을 하고 있는지 알 수 없는 경우가 많습니다. 예를 들어, 농구는 코트 위 다른 선수들의 움직임을 보면서 어떻게 플레이할지 판단합니다. 하지만 게임은 상대가 어디에 있는지, 지금 무엇을 하고 있는지 모르는 상태에서 내 플레이를 결정해야 할 때가 많습니다. 만약 선수가 중계진의 해설을 듣는다면 당연히 경기가 제대로 이루어지지 않겠지요? 심지어 관중의 함성마저 공정한 경기에 방해가 됩니다. 관중이 선수의 멋진 플레이를 보고 함성을 지르는 건 당연한 일입니다. 그러나 그 함성이 게이머의 작전을 노출할 수도 있습니다.

실제로 그런 사례가 있습니다. e스포츠 초창기에 스타크래프트 대회에 많은 논란을 가져오기도 했고요. 한 선수가 깜짝 전략을 시도하고 있는데 관중이 함성을 지르면 상대 게이머는 뭔가 수상한 일이 벌어지고 있다고 짐작하고 미리 철저히 준비하게 되지요. 이렇게 관중의 함성으로 상대의 전략을 추측하는 행위를 일컬어 '귀맵'이라고 불렀습니다. '귀'와 전황을 한눈에 보여 주는 '맵(지도)'을 합성한 단어입니다.

귀맵 논란을 방지하기 위해 초창기 e스포츠 대전에서는 게이머가 방음 부스 안에 들어가 경기를 펼치기도 했습니다. 그러면 소리는 막을 수 있지만, 선수와 관중이 너무 단절되는 느낌을 주겠지요. 그래서 선수석을 개방하되 노이즈 캔슬링과 같은 기술을 이용하기도 합니다.

노이즈 캔슬링은 파동의 상쇄 간섭 현상을 이용해 외부의 잡음을 차단하는 기술입니다. 소리는 공기의 파동입니다. 특정 소리의 파형을 파악한 뒤 그와 정반대의 파형을 만들어 틀어 주면 상쇄 간섭이 일어나며 그 소리가 들리지 않게 됩니다. 스펀지 같은 재질로 소리를 흡수하는 방법보다 훨씬 더 능동적으로 소리

를 제거해 주는 기능이지요.

이 기능을 탑재한 헤드폰을 착용하면 외부의 소리를 효과적으로 차단할 수 있습니다. 원래는 항공기 소음 때문에 고생하던 승무원을 위해 개발한 장치였는데요. 지금은 널리 보급되어 음악 감상용 헤드폰에도 쓰이고 있습니다. 자동차 스피커에 적용하면 엔진과 주행 소음을 상쇄할 수도 있고요.

헤드폰만이 아니라 선수석 근처에도 소음 상쇄용 음파를 발생시키는 스피커를 설치하면 선수에게 들리는 함성이 줄어들겠지요. 혹은 아예 몇 초 정도 지연 중계를 함으로써 함성이 들려도 경기에 끼치는 영향을 최소화하는 방법도 사용합니다.

적응하는 경기장이 살아남는다

이 외에도 e스포츠 경기장을 설계할 때는 고려할 게 많습니다. 앞서 이야기한 증강현실이나 가상현실 같은 기술을 적용하려면 관련 기술뿐 아니라 그걸 활용할 수 있게 해 주는 네트워크도 중요합니다. 빠르고 안정적인 유무선 네트워크가 있어야 첨단 기술을 이용해 대회를 운영할 수 있겠지요.

e스포츠 경기장의 또 다른 특징 하나는 범용성입니다. e스포

츠 안에는 다양한 종목이 있습니다. 전략, 스포츠, 격투, FPS 등 다양한 게임이 펼쳐지며, 앞으로 또 어떤 게임이 등장할지 모릅니다. 만약 새로운 게임이 e스포츠로 인기를 끌게 되었는데, 기존 경기장에서 경기를 치를 수 없다면 얼마나 낭비일까요? 따라서 e스포츠 경기장을 설계할 때는 변화하는 게임 환경에 적응할 수 있는 유연성을 염두에 두어야 합니다. 장르별로 다양한 모듈을 만들어 놓고 그때그때 바꿔 가면서 경기를 치른다면 한 경기장에서도 다양한 e스포츠 종목의 경기를 효율적으로 운영할 수 있겠지요.

새로운 게임은 언제나 등장하고, 게임 환경 역시 기술의 발전에 따라 급변합니다. 지금 인기 있는 e스포츠 게임도 언젠가는 쇠퇴하고 새로운 게임에 자리를 내줄지도 모릅니다. 그 새로운 게임이 어떤 모습, 어떤 형식일지는 아직 알 수 없습니다. 이렇게 변화가 쉽다는 점에서 축구나 야구 같은 전통적인 스포츠와 비교하며 얕보는 사람도 있지만, 계속해서 새로운 기술이 나오고 발전해 나간다는 건 장점이지요.

게임은 이제 세계적으로 거대한 문화가 되었고, 앞으로도 꾸준히 많은 사람의 사랑을 받을 겁니다. 어떤 게임이든 좋아하는 사람이 있는 한 e스포츠의 종목이 될 수 있습니다. 그러니 앞으로 어떤 게임이 나와도, 어떤 신기술이 등장해도 멋지게 경기를 치를 수 있는 e스포츠 경기장이 필요합니다.

이건 e스포츠뿐만 아니라 다른 모든 스포츠도 마찬가지입니다. 전통적인 스포츠는 형식이 크게 달라지지는 않을지 몰라도 환경은 얼마든지 달라질 수 있습니다. 기후변화는 축구장의 잔디 관리를 어렵게 만들고, 스키장에 눈이 쌓이지 않게 합니다. 어떤 스포츠는 인기가 떨어져 경기장을 유지하기 어려워질 수도 있습니다. 그럴 때는 공연이나 행사도 열 수 있는 다목적 경기장이 큰 도움이 될 테지요.

최상의 경기력과 쾌적한 관람은 스포츠 경기장의 가장 큰 덕목입니다. 여기에 더해 해당 스포츠가 지속되는 데 도움이 되고 지역사회에도 이바지할 수 있다면 그야말로 꿈의 경기장이라 하지 않을 수 없겠지요. 오늘 여러분과 함께 본 경기장이 바로 그런 곳이기를 꿈꾸어 봅니다.

이미지 출처

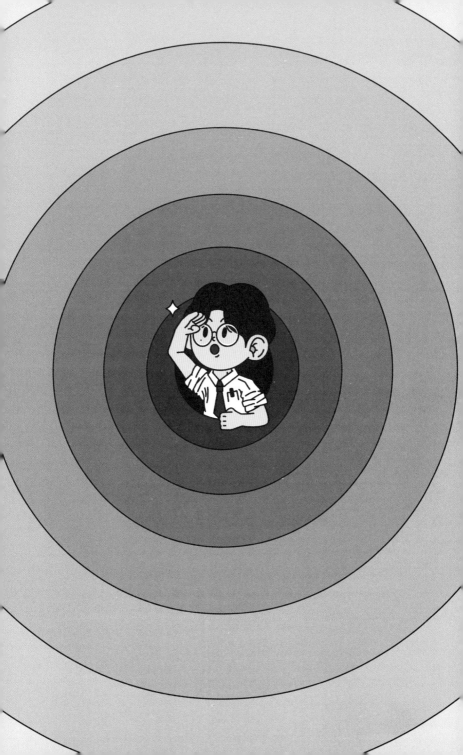

지붕 뚫고 홈런 스포츠 과학

초판 1쇄 발행일 2024년 12월 9일

지은이 고호관

발행인 김학원
발행처 (주)휴머니스트출판그룹
출판등록 제313-2007-000007호(2007년 1월 5일)
주소 (03991) 서울시 마포구 동교로23길 76(연남동)
전화 02-335-4422 **팩스** 02-334-3427
저자·독자 서비스 humanist@humanistbooks.com
홈페이지 www.humanistbooks.com
유튜브 youtube.com/user/humanistma **인스타그램** @humanist_gomgom

편집주간 황서현 **편집** 윤소빈 이영란 **디자인** 유주현 **일러스트** 최찬종
조판 아틀리에 **용지** 화인페이퍼 **인쇄·제본** 정민문화사

ⓒ 고호관, 2024

ISBN 979-11-7087-276-4 43400